水系连通性变异下长江荆南三口水资源态势及调控机制

代 稳 著

黄河水利出版社
·郑州·

内 容 提 要

本书介绍了河湖水系连通的基本概念和连通性机制，通过分析荆南三口水系连通度演变特征及其驱动因素，揭示出水系连通性变异下荆南三口水资源态势。采用年内分配不均匀系数、Morlet 小波、Mann-Kendall 趋势等方法分析了研究区水资源年内、周期和趋势变化规律，运用游程理论识别研究区水文干旱特征，对比分析了水系连通变异下该地区水文干旱历时、水文干旱强度与水文干旱峰值的变化特征，并剖析了变异下水资源开发利用的影响。构建基于水资源安全的 SD 模型，模拟不同情境下水资源供需状况，提出了实施基于水资源安全的调控措施。

本书可供从事水资源研究人员参考，也可供相关领域技术人员、研究人员阅读，还可作为相关专业的本科与研究生借鉴。

图书在版编目（CIP）数据

水系连通性变异下长江荆南三口水资源态势及调控机制/代稳著. —郑州：黄河水利出版社，2020.5

ISBN 978-7-5509-2677-6

Ⅰ.①水… Ⅱ.①代… Ⅲ.①长江流域-水资源管理-研究 Ⅳ.①TV213.4

中国版本图书馆 CIP 数据核字（2020）第 096254 号

出 版 社：黄河水利出版社　　网址：www. yrcp. com

地址：河南省郑州市顺河路黄委会综合楼 14 层　　邮政编码：450003

发行单位：黄河水利出版社

发行部电话：0371-66026940、66020550、66028024、66022620（传真）

E-mail：hhslcbs@ 126. com

承印单位：河南瑞之光印刷股份有限公司

开本：787 mm×1 092 mm　1/16

印张：8.75

字数：202 千字　　印数：1—1 000

版次：2020 年 5 月第 1 版　　印次：2020 年 5 月第 1 次印刷

定价：56.00 元

前 言

河湖水系连通与水资源安全是目前水科学研究的热点之一。2011年,中央一号文件明确规定“尽快建设一批骨干水源工程和河湖水系连通工程以提高水资源调控水平和洪水保障能力”。河湖水系连通作为治理水问题的一个重要方略,已在水利部会议、中央文件中多次受到重视。荆南三口水系是连接长江中游的重要纽带,也是分泄长江水进入洞庭湖北部地区的水流通道。荆南三口地区也是我国重要的商品粮基地,耕地面积占全区总面积的50%以上。自荆南三口形成以来,在防洪排涝、水土保持及灌溉供水等方面发挥着不可估量的作用。近年来,受气候变化与人类活动双重压力的驱动作用,荆南三口地区开始出现以“旱涝并存、旱涝交替”为特征的水文现象。自三峡水库投入运行以来,荆南三口分流呈逐年减少的趋势,造成洞庭湖区枯水期水位连年偏低且持续时间长,甚至酿成秋冬连年性干旱或冬春连年性干旱灾害,季节性缺水和工程性缺水问题日益凸显,对水资源的开发利用造成了巨大的影响,荆南三口河系季节性干旱问题严重,且断流时间提早与延长,均加大了三口地区水资源短缺的影响,对荆南三口地区经济社会的可持续发展造成巨大的威胁,社会各界也对这一问题给予了高度关注。

本书探明了水系结构与水系连通之间的关系,厘清水系连通度与水资源系统之间的内在联系机制,有利于推动水系连通水循环理论、演变控制理论、优化配置理论、决策管理理论的研究,对丰富水系连通理论体系具有重要意义;通过模拟不同情境下未来水资源利用状况,选用最优的水资源安全调控方案,合理配置水资源,明确保障水资源安全的具体措施,为满足荆南三口地区人类农业生产实践、社会经济活动及生态文明建设对水资源的现实需求,尤其是满足商品粮基地建设的需求及水资源合理利用和优化配置提供科学依据,为该地区水资源规划、管理及新时期社会经济发展规划提供决策依据和技术指导。

本书的主要内容有:①识别水系连通变异点,探究水系连通度变化驱动因素。计算荆南三口地区水系连通度,分析水系连通度演变特征,进行趋势检验找出变异点,分解出气候(降水、蒸散发)变化与人类活动对水系连通度变化的贡献率。②研究水系连通变异前后荆南三口地区水资源时空变化。采用年内分配不均匀系数、Morlet小波、Mann-Kendall趋势检验等方法分析该地区水资源年内、周期、趋势变化规律,探讨三口五站水资源空间变化规律,揭示水系连通变化与水资源之间的关系。③研究水系连通变异前后三口地区水文干旱特征及缺水响应。运用游程理论识别该地区水文干旱特征,采用Copula函数表达水文干旱特征联合分布,对比分析水系连通变异前后该地区水文干旱历时、水文干旱强度与水文干旱峰值的变化特征,查明水资源缺水量及主要旱灾状况。④揭示水系结构、水系连通度与水资源的作用机制。定量分析河流数量、河长、河网密度、河频率、水面率、河网复杂度、支流发育系数等水系结构参数与水系连通度的相关性,水系连通度与水资源的相关性,分析水系连通度对水资源量的影响。⑤结合近62年来长江荆南三口河系水位演变情势和径流量变化特征,重点剖析了水系连通变异对荆南三口地区水资源量、水文干旱、不同河系水资源开发利用的影响。⑥实施基于水资源安全调控方案，构建基于水资源安全的系统动力学（System Dynamics，SD）模型，模拟不同情境下水资源供需状况，对比不同的水资源安全调控方案，提出实施基于水资源安全最优方案的具体措施。

本书主要是整理、修改、完善作者的博士论文“水系连通变异下长江荆南三口水资源态势及调控方案”而成，在此衷心感谢我敬爱的导师吕殿青教授和指导老师李景保教授。在写作过程中还得到多方面的指导、关心和帮助，同事、师弟、师妹等为本书提供了丰富的资料，作者所在单位为本书的编写提供了良好的条件。同时，本书的研究工作得到了国家自然科学基金项目（41571100）、湖南省自然科学基金面上项目和六盘水师范学院科技创新团队的资助，在此一并表示热忱的感谢！

本书可供地理科学、水文与水资源工程、给水排水科学与工程等专业的师生、科研人员、管理人员和工程技术人员阅读。由于编者水平有限，难免会出现疏漏，敬请广大读者批评指正。

编 者

2020 年 3 月

目　录

第 1 章　绪　论

1.1　研究背景

水是地球万物一切生命的源泉,是人类赖以生存和社会发展进步必不可少的宝贵资源,是自然界生态系统自我维持、自我修复、自我更新的基础性资源,为经济社会的可持续发展提供基本保障。水滋养着人类,但人类却在利用水资源过程中出现了许多问题。20世纪以来,随着世界人口呈几何级数的增长及社会经济的迅猛发展,人类所处的生存环境已发生了巨大的改变。特别是 90 年代以来,在全球气候变化的自然背景条件及人类活动强烈干扰的双重影响下,水系连通在很大程度上发生了较大的变化,使得河流断流、水环境恶化、湖泊萎缩、水资源短缺、生物多样性减少等生态环境问题日益凸显,在一定程度上影响并威胁着人类的健康及生存发展,以水资源供需不平衡导致水资源短缺为代表的生态环境问题已是我国社会经济持续健康发展的瓶颈,已成为目前我国亟须解决的首要生态环境问题之一。为了解决上述问题,水利部原部长陈雷于 2009 年首次提出深入研究河湖水系连通问题,翌年,再一次强调河湖连通是提高水资源配置能力的重要途径;2011年,中央一号文件明确规定“尽快建设一批骨干水源工程和河湖水系连通工程以提高水资源调控水平和洪水保障能力”。河湖水系连通作为治理水问题的一个重要方略,已在水利部会议、中央文件中多次受到重视。河湖水系连通变化是气候变化与人类活动长期综合作用的结果,也是气候变化与人类活动对水文水资源影响的实际载体。水科学研究领域的诸多学者越来越关注水系结构、水系连通性的研究工作,探讨了河湖水系连通理论体系、特征、影响因素及评价,尤其是城市化对水系连通的影响,认识了河湖水系形态、结构及水系连通变化规律,揭示了城市化对水系结构与水系连通的影响,但在水系连通对水资源的影响及与水资源内在联系的研究尚处于初步阶段,有待进一步深入,有可能成为未来水系连通研究的重要关注热点。

气候变化改变着陆地水文循环要素及过程,不断影响着水文水资源的结构与功能,影响着水系结构及水系连通状况,进而影响整个生态环境系统。同时,人类改造自然地理环境的过程中,影响着水系结构及水系连通状况,使陆地水循环的要素、过程及水文情势发生了较大的变化。近年来,在气候变化及以土地利用变化、水库建设等为代表的人类活动耦合影响的背景下,流域水资源发生了显著的变化,对水资源安全问题构成了威胁,是人类生存环境和发展空间面临严重的挑战。围绕环境变化下水文水资源响应的相关研究受到了学术界的高度重视,并开展了一系列的科学试验和研究工作,但研究主要集中于气候变化的单一指标(如降水)、人类活动单一指标(如土地利用或水库建设)或两者单一指标的耦合,缺乏全面的、系统的和深入的分析研究,且在气候变化因素与人为因素共同驱动下,使得水文水资源响应表现出不确定性、非线性、高维性和复杂性。同时,准确分析和定量评价水系结构、水系连通性对流域水文水资源的影响已成为目前水文学领域研究的新学术视角。河湖水系承载着水资源，其连通格局对水资源配置能力与格局、生态环境演变与质量、抵御水旱灾害风险状况与能力产生重要影响。水系连通变化影响径流变化，径流演变引起水文、水资源、水环境、防洪及生态环境结构与功能发生改变，开展水系连通变异下水资源情势演变规律的研究更具急迫性和现实性。

荆江是长江干流枝城至城陵矶河段的总称，其南岸的松滋、太平、藕池三口（调弦口已于1958年堵口，至今一直未分流）习惯上称荆南三口水系，它们是连接长江中游的重要纽带，也是分泄长江水进入洞庭湖北部地区的水流通道。荆南三口地区也是我国重要的商品粮基地，耕地面积占全区总面积的50%以上。自荆南三口形成以来，在防洪排涝、水土保持及灌溉供水等方面有着不可估量的作用。近年来，受气候变化与人类活动双重压力的驱动作用，荆南三口地区开始出现以“旱涝并存、旱涝交替”为特征的水文现象。自三峡水库投入运行以来，荆南三口分流呈逐年减少的趋势，造成洞庭湖区枯水期水位连年偏低且持续时间长，甚至酿成秋冬连年性干旱或冬春连年性干旱灾害，季节性缺水和工程性缺水问题日益凸显，对水资源的开发利用造成了巨大的影响，荆南三口河系季节性干旱问题严重，且断流时间提早与延长，均加大了荆南三口地区水资源短缺的影响，对荆南三口地区经济社会的可持续发展造成巨大的威胁。社会各界也对这一问题给予高度关注，众多专家学者已开展了一系列长江干流、荆南三口、四水与洞庭湖水文效应或水文情势及其影响机制研究，尤其是三峡水库运行后对三口分流分沙变化规律方面，但其研究成果主要集中在水沙变化规律及对生态环境和水资源开发利用的定性分析上，极少从水系连通变异下水资源供需关系及产业结构与用水结构耦合协调上展开系统的研究，从水系结构、连通性及水库群运行的角度来研究区域水资源情势变化，将是一个全新的科学研究问题。

综上所述，在长江荆南三口开展水系连通变异下水资源态势研究，深入分析水系连通度演变机制及影响因素、水系连通变异下水资源态势及其演化规律并分析荆南三口地区水资源时序和空间变化规律，查清水系连通变异下水文干旱特征与缺水响应，寻求水系连通变异下用水结构与产业结构的优化调控机制，从水资源安全角度和水系连通工程措施方面选用最优的水资源安全调控方案，为有效服务商品粮基地和洞庭湖生态恢复和保护的水资源安全保障提供科技支撑和技术指导，是当前洞庭湖流域水资源可持续利用的急切要求和迫切需要。

1.2 国内外研究动态

1.2.1 水系连通研究

河湖水系连通是水资源供应、水环境健康和区域防洪排涝的重要基础，是提高水资源配置能力的关键途径和改善河网水系生态环境的重要手段。受气候波动和人类活动的综合影响，尤其是城镇化进程不断加快，水体自净能力与河流蓄泄洪水能力下降、水环境恶化、水资源供应不足以及旱涝灾害风险加剧等水资源问题与河湖水系连通性畅通程度下降有密切关系。因此，科学研究河湖水系连通已成为21世纪水资源科学领域在新形势下一个重要前沿课题,越来越受到了水科学专家、学者的高度关注。

国内外的众多学者从不同的学科角度对水系连通的概念进行阐述,如景观连通性、生态连通性、水文连通性以及连通性修复等诸多相关定义。景观连通性从景观学的角度将河流水系视为一种特殊的景观类型,不同斑块和不同等级廊道构成的树状或网状结构的畅通性程度,表现为结构和功能连通性,陈星等,徐光来等就是根据景观连通性概念,引用图论法评价水系连通性。生态连通性受景观连通性和水文连通性驱动,使物质、能量与信息在河流水系的各组成要素中扩散、流动的通畅程度,表现为生物生存环境的畅通性。水文连通性是指在水文过程的调节作用下物质、能量与生物在河流水系运移过程中的通畅性程度,主要表现为流量大小、流速快慢、流路程度与组成、分叉汇合程度等。景观连通性、生态连通性与水文连通性是连通性修复的重要基础和根本条件。随着河湖水系连通作为治理水问题的一个重要方略在水利部会议、中央文件中多次出现,河湖水系连通性问题成为水文科学研究者的重要热点。Ward 等认为河湖水系是一个由 3 个空间纬度和 1 个时间纬度构成的 4 维自然生态系统,反映自然演变或人工修建的河道干支流、湖泊及其他湿地构成的水道系统。河湖水系连通性机制主要表现为 3 个空间纬度特征和 1 个时间纬度特征。目前,河湖水系连通性研究将结构连通性或景观连通性和水文连通性或水力连通性联合表征水系连通性,生态连通性揭示水系连通功能,涉及自然功能和社会功能,连通性修复作为水系连通畅通的措施。水系连通包括两个要素,即水流保持流动和有连接水流的通道。

国内外专家学者也开始注重定量化方法在水系连通性上的应用,尤其在水系连通性的评价方法上。目前应用比较广泛的有图论法(图论 - 水文、图论 - 生态)、水文水力法(水文连通函数法、水力阻力法、水文 - 水力综合法)、景观法(区域景观指数法、局部斑块指数法)、生物法(区域扩散阻力法、局部迁移能力法)、综合指数法(区域综合指标法、区段综合指数法)等,此外,还有些学者从水系连通功能、水系连通要素的自然属性和社会属性角度开展水系连通性的定量评价。由于研究的侧重点和尺度不同,且河流连通度变化涉及的要素众多,定量化评价方法各具优缺点及适用条件,定量化评价河湖水系连通性的方法仍需进一步研究完善。

近年来,连通性作为重要的定性术语被研究者认可,并在地貌、水文过程、生态和景观学及水文态势定量化研究中扮演着重要角色,但目前对于连通性概念、内涵及定量研究方法并没达成共识,且水系连通性变化对水文情势、水生态环境的影响研究较少,要在水文、水资源、水环境领域或其他方面广泛应用还难以实现,水系连通性的理论还需进一步拓展和完善,尤其是水系连通度与水资源之间的作用机制的研究需深入探讨,揭示出两者之间的内在关系。

1.2.2 水资源与气候及人类活动的关系

气候变化是当今全球社会各界高度关注的国际性问题。水循环是气候系统的重要组成部分,气候变化必然引起水循环各环节的改变,进而导致水文水资源发生响应的变化。近百年来,以气候变暖为主要特征的全球气候发生了重大变化,进而环境也随之发生重大变化。另外,人类活动的强烈干预也引起土地利用/覆被变化发生巨大的变化,水土保持措施、水库建设等大型水利工程的实施运行改变了流域的径流过程,使区域水文水资源发生不同程度的改变。在气候变化和人类活动的共同驱动影响下,在全球范围内不同尺度的河川径流过程已经发生变化,也使降雨、径流等水文序列规律失去了原来的一致性,开始出现变异。国内外诸多学者开始关注水资源变化检测方面的研究,并取得一定的研究成果。与此同时,更多的学者开始着重研究造成水资源变化的原因及定量分离气候变化(降水、气温、蒸发等)及人类活动(土地利用变化等)综合因素中的某些影响因子或综合影响因素(气候波动、人类活动)的贡献率。粟晓玲、胡珊珊、王纲胜、Koster、Milly、罗先香、陈军锋、杨新、王西琴、李子君、Seguis、江善虎、Naik 等以不同的区域为研究对象,开展了定量分离气候变化与人类活动对径流量变化影响的研究。目前,定量分离气候变化与人类活动对陆地水文过程影响的方法是一种将复杂问题简化的方法,其机制是采用降水径流模型从观测的水文气象系列数据中划分出天然时期的径流和受人类影响时期的径流。此简化方法隐含了两个假定,即气候变化与人类活动是互不相干的两个独立因素和以暗箱操作方式或单一影响因子的人类活动水文效应。最近几年国内众多学者在水资源变化检测及归因分析方面不断创新、不懈努力,取得了一定的研究成果,见表 1-1。

表 1-1 我国水资源变化检测及归因分析的相关研究成果

第一作者	研究区域	研究方法或模型	影响因素	对径流量的贡献率
李志(2010)	黑河流域	双累积曲线	气候变化	24%
			人类活动	76%
王随继(2012)	皇甫川流域	累积量斜率变化率比较方法	降水量	36.43%、16.81%
			人类活动	63.57%、83.19%
胡珊珊(2012)	唐河上游流域	气候弹性系数和水文模拟方法	气候变化	38% ~40%
			人类活动	60% ~62%
袁喆(2012)	滦河流域	降水—径流经验统计模型	降水量	15.58%
			人类活动	84.42%
何旭强(2012)	黑河上游	累积量斜率变化率法	气候变化	59.71%
			人类活动	40.29%
	黑河中游		气候变化	25.23%
			人类活动	74.77%
林凯荣(2012)	东江流域	SCS 月模型	气候变化	对径流改变量的作用基本相当
			土地利用变化	
毕彩霞(2013)	渭河流域	水量平衡法	降水变化	49.0%
			人类活动	51.0%

续表 1-1

第一作者	研究区域	研究方法或模型	影响因素	对径流量的贡献率
刘二佳(2013)	窟野河径流	降水—径流多元线性模型	气候变化	58.62%、21.75%
			人类活动	41.38%、78.25%
牛利强(2013)	堵河流域	SWAT 模型	气候变化	83.33%、78.03%
			土地利用变化	16.67%、21.97%
张调风(2014)	湟水河流域	累积量斜率变化率法	气候变化	35.46%
			人类活动	64.54%
王振海(2014)	大清河流域	分离评判法	气候变化	76% ~87%
			人类活动	13% ~24%
郭爱军(2014)	渭河流域	累积量斜率变化率比较法	降水量	24.55%、25.00%
			蒸发量	-9.96%、5.37%
			人类活动	85.40%、69.63%
陈伏龙(2015)	新疆玛纳斯河流域	累积量斜率变化率比较法	降水量	59.64%
			蒸发量	31.83%
			人类活动	8.53%
刘剑宇(2016)	鄱阳湖流域	水文模型和多元回归法	气候变化	73%
			人类活动	27%
帅红(2016)	荆江三口	累积量斜率变化率比较法	降水量	26.71%、2.9%、7.05%
			人类活动	73.29%、97.1%、92.95%
张杰(2017)	汀江	改进后的累积量斜率变化率比较法	气候变化	65.1%、50.5%
			人类活动	34.9%、49.5%
李万志(2018)	黄河源区	累积量斜率变化率分析方法	气候变化	33.12%、73.61%
			人类活动	66.88%、26.39%

上述研究成果说明了人类活动对水资源变化影响的贡献率越来越高，城镇化建设、土地利用变化、水土保持措施、水库建设等均对水资源变化产生了一定的影响。李慧等指出城市化对西安市灞河下游径流产生影响，且影响率呈增强趋势；王蕊等揭示了在土地利用

与植被覆盖度的影响下西北小南川流域径流量呈减少趋势；戴明龙深刻剖析了长江上游巨型水库群运行对流域水文情势的影响，着重指出三峡水库运行改变长江中下游干流的年内分配规律，同时使多年平均年径流呈下降趋势。河流水系是径流、水资源的重要承载体，专家学者们也开始关注河流水系，开展了一系列研究，指出了河湖水系连通的研究方向，着重探讨了城市化对水系结构、水系连通的影响，但水系连通与水资源之间的相关程度及其相应的内在机制等问题目前尚未阐明，相关的研究成果极少。

1.2.3　水资源安全研究

水资源安全是国家粮食安全、经济安全、生态环境安全等的基本基础，也是水资源管理的核心内容。早在20世纪70年代，水资源安全问题研究以水安全为名开始起步，2000年世界水论坛大会及海牙部长级宣言共同提出“21世纪水资源安全”，标志着水资源已成为影响国际关系、国家安全的重要因素，水资源安全变成了世界性的安全问题。国际组织、各国政府、专家、学者等极大地关注水资源安全问题，取得了一系列丰硕成果。科学评价水资源安全是水资源管理、分析及合理利用、配置的重要基础，围绕计算机领域中模拟技术以及数学优化技术的发展，水资源安全评价方法层出不穷，主要有水贫穷指数法、集对分析法、模糊数学分析评价法、层次分析法、PSR指标法、人工神经网络法、生态足迹分析法、遗传算法、系统动力学法、投影寻踪法、TOPSIS法等。评价方法只是水资源安全评价的手段，关键是构建评价指标体系，但纵观国内外此论题的研究成果，评价指标体系构建存在一定的差异，有的学者只有选择很多指标，所有环节、因素均考虑周全，而有的学者只选择影响水资源安全较大的指标，由于研究者对水资源安全的理解存在差异性，故在短期内此差异很难得以统一。目前，对水资源安全的定义还没有统一，但国内外众多学者对水资源安全进行了深入研究，普遍认为水资源安全涉及水资源的自然属性和社会属性，包含了自然界水循环和经济社会系统内部水循环的健康运行状态。水资源安全的正确评价，是合理开发利用水资源、正确实施河湖水系连通工程、实现水资源可持续利用的前提。因此，研究水资源安全需要解决的关键科学问题之一是水资源安全评价，而水资源安全评价的首要任务是筛选出科学、合理的评价指标以及构建评价指标体系。构建水资源安全评价指标体系并不是越详细越好，而是遵循一定的原则和准则，选择与研究区匹配好的关键指标和个别敏感性指标。

水资源安全不仅包括水资源自身水量和水质的安全，也包括经济安全、社会安全和生态安全，且各个子系统之间相互作用，紧密联系。开展水资源安全研究，明确水资源安全程度，系统分析各构成要素对区域水资源安全的影响，预测未来区域水资源安全性，保障水资源系统的顺利运行，为解决区域或流域水资源安全问题提供理论支撑，实现水资源可持续利用。杨振华等指出影响贵阳市水资源安全的主要因素有水库蓄水率、降水季节性差异以及城市生活用水比重，通过加强水利设施建设、提高产业用水效率、优化产业结构、降低生活用水定额等措施可以保障贵阳市水资源安全。钟姗姗等通过对湖南省水资源安全状态进行评价，甄别出控制湖南省水资源安全问题的主要短板因素是工农业与生活用水量较大、废水排放量较多以及防洪治涝形势严峻。因此,开展水资源安全评价研究,为水资源管理、决策提供参考,但这些举措能使水资源安全到何种程度,还需进一步研究。通过分析水资源安全的国内外研究现状,可以认为水资源安全是水资源优化配置的基础,且在水资源安全的调控方案中已综合考虑节水、水量水质及用水效益的影响,同时还有学者从地表、地下联合供水、调水等层面对水资源安全进行系统研究。因此,水资源调控方案需要多角度、全方位考虑才能做到切实可行。

综上所述,河湖水系是陆地生态系统的重要组成部分,水系分布与连通影响着区域水资源状况与水循环。水系连通具有物质能量传递、河流地貌塑造、水环境净化和生态维系的自然功能和水资源调配、水能与水运资源利用、洪灾防御及其景观维护的社会功能。在全球气候变化及人类活动强烈干扰的双重影响下,水系连通在很大程度上发生了较大的变化,导致河流断流、水环境恶化、湖泊萎缩、水资源短缺、生物多样性减少等生态环境问题日益凸显,在一定程度上影响并威胁着人类的健康及生存发展。长期以来,虽然国内外在气候变化与人类活动对水文水资源情势变化、区域水安全、水系结构与水系连通性等方面取得了一定的研究成果,但由于水资源系统的复杂性和驱动因素的多样性、贡献率难分离性,目前研究还难以阐明降水、蒸散发、土地利用、下垫面变化、水利工程、取用水等因素对水资源过程的影响机制,严重影响了区域水资源的合理配置。随着人类活动对水文水资源的影响贡献率越来越大,迫切需要从水系结构、水系连通的角度解决因人类活动导致水文干旱等水资源短缺问题。那么水资源量与水系连通之间是否存在关联?关联程度如何?如何协调水系连通与水资源之间的关系?这就是本书研究的科学问题。基于此,本书以荆南三口地区为研究对象,从该地区水资源减少与水系连通性之间关系的视角,探索水系连通变化对水资源的影响,厘清水系连通度与水资源之间的作用机制,制订出基于水资源安全的调控方案。

1.3　研究意义

开展水系连通变异下水资源态势及调控方案研究,探明水系结构与水系连通之间的关系,厘清水系连通度与水资源系统之间的内在联系机制,有利于推动水系连通水循环理论、演变控制理论、优化配置理论、决策管理理论的研究,对丰富水系连通理论体系具有重要意义;通过模拟不同情境下未来水资源利用状况,选用最优的水资源安全调控方案,合理配置水资源,明确保障水资源安全的具体措施,为满足荆南三口地区人类农业生产实践、社会经济活动及生态文明建设对水资源的现实需求,尤其是满足商品粮基地建设的需求及水资源合理利用和优化配置提供科学依据,为该地区水资源规划、管理及新时期社会经济发展规划提供决策依据和技术指导。

1.4 研究方案与主要创新点

1.4.1 研究内容

鉴于水系连通变异下水资源态势在区域水资源可持续利用中的重要作用,针对前述当前研究中仍存在的问题,本书的主要研究内容如下:

(1)识别水系连通变异点,探究水系连通度变化驱动因素。计算荆南三口地区水系连通度,分析水系连通度演变特征,进行趋势检验找出变异点,分解出气候(降水、蒸散发)变化与人类活动对水系连通度变化的贡献率。

(2)研究水系连通变异前后荆南三口地区水资源时空变化。采用年内分配不均匀系数、Morlet 小波、Mann-Kendall(简称 M-K)趋势检验等方法分析该地区水资源年内、周期、趋势变化规律,探讨荆南三口五站水资源空间变化规律,揭示水系连通变化与水资源之间的关系。

(3)研究水系连通变异前后三口地区水文干旱特征及缺水响应。运用游程理论识别该地区水文干旱特征,采用 Copula 函数表达水文干旱特征联合分布,对比分析水系连通变异前后该地区水文干旱历时、水文干旱强度与水文干旱峰值的变化特征,查明水资源缺水量及主要旱灾状况。

(4)揭示水系结构、水系连通度与水资源的作用机制。定量分析河流数量、河长、河网密度、河频率、水面率、河网复杂度、支流发育系数等水系结构参数与水系连通度的相关性,水系连通度与水资源的相关性,分析水系连通度对水资源量的影响。

(5)实施基于水资源安全调控方案。构建基于水资源安全的系统动力学(System Dynamics,SD)模型,模拟不同情境下水资源供需状况,对比不同的水资源安全调控方案,提出实施基于水资源安全的最优方案的具体措施。

1.4.2 技术路线

本书主体由 5 部分构成,即水系连通变异点的识别与演变特征,水系连通变异下水资源态势,水系连通变异下水文干旱特征与缺水响应,水系连通变异对水资源态势的影响机制,基于 SD 的水资源安全调控方案与选优技术路线如图 1-1 所示。

1.4.3 主要创新之处

(1)从水系连通的视角探究水系连通变异下水资源时空变化规律以及水文干旱特征差异,寻找水系连通与水资源分布、水资源短缺之间的内在关系,厘清水系结构、水系连通度与水资源之间的相互关系,明确指出水系连通度与水资源量呈强正相关关系,水系连通度越高,水资源量越多。

(2)构建了水资源安全调控方案系统动力学模型,在模型中充分考虑水系连通性指标,筛选出华容县、安乡县、南县未来水资源安全调控最优方案及分阶段发展模式,提出该地区实施基于水资源安全调控方案的具体措施,尤其是提高水系连通度的水利工程措施。

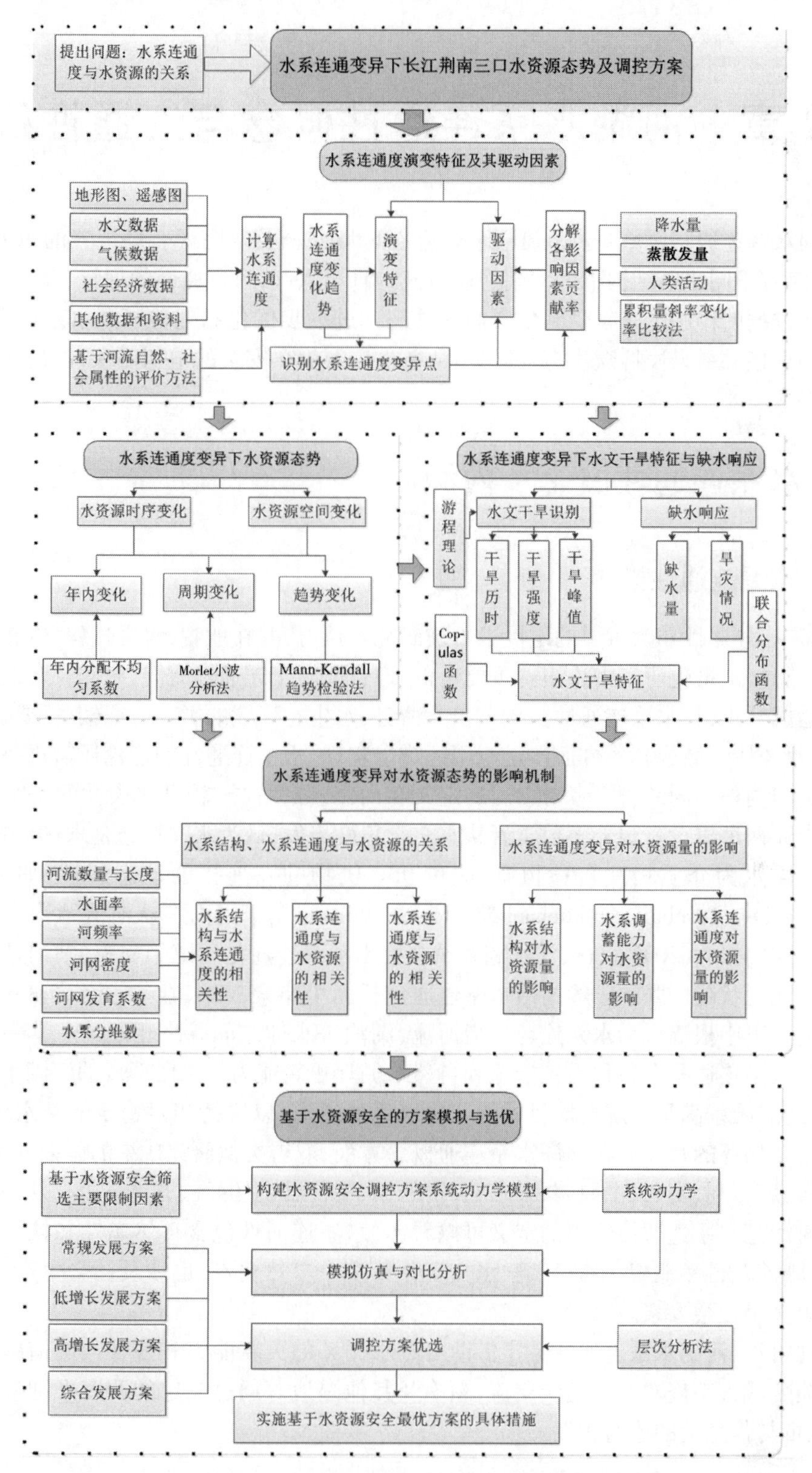

图1-1　基于SD的水资源安全调控方案与选优技术路线

第2章　河湖水系连通性概念与连通性机制

河湖水系连通是区域防洪调度、供水、生态环境安全及水资源合理配置的重要基础。近年来,随着不同水系结构下的河湖连通研究的日渐兴起,对连通性的理解、表达、定量化以及水文过程的作用越来越受到学者们的关注。进一步优化和完善河湖水系连通性,是根本解决直接关系人民群众生存发展、生活条件以及生命安全的迫切需求,也是社会经济发展的基本需要。

2.1　水系连通性概念及内涵

2.1.1　水系连通性概念

近年来,连通性作为重要的定性术语被研究者认可,并在地貌、水文过程、生态和景观学及水文态势定量化研究中扮演着重要角色,但目前对于连通性概念、内涵及定量研究方法并没达成共识,且水系连通性变化对水文情势、水生态环境的影响研究较少,要在水文、水资源、水环境领域或其他方面广泛应用还难以实现,水系连通性的理论还需进一步拓展和完善。国内外不同的研究者对连通的定义和内涵理解各异,较具代表性的是水文连通和水系连通两种概念。国外多数学者从水文学角度出发,认为水文连通是水循环各环节、各要素间以水为介质相互转移物质、能量和有机物的互连接的动态属性,如 Pringle、Tetzlaf、Bracken、Turnbull、Al、Michaelides、Jencso、Bolland 等。国内多从河流结构形态来定义水系连通的概念,2005 年,长江水利委员会提出水系连通是河道干支流、湖泊及湿地等水系间的连通状况。张欧阳等指出水系连通包括两个要素,即水流保持流动和有连接水流的通道。王中根等认为水系连通是指河流、湖泊等水体之间脉络相通。左其亭和夏军认为河网水系连通是在各种人工措施和自然水循环更新能力等手段形成的河湖水系的基础上,构造或维系满足一定功能目标的连接水流的通道,以维持相对稳定流动水体,使物质得以联系循环的状况。在河湖水系连通概念方面,取得类似研究成果的国内专家、学者有刘家海、唐传利、窦明、李原园、李宗礼、崔国韬、符传君、夏继红、方佳佳等。从国内外众多学者对河流水系连通性给出的定义可以看出,水系连通性包含自然属性和社会属性两种属性,既涉及自然地貌、生态环境、水文变化等多个自然要素,也涉及社会生产方式、发展程度等多个社会要素。

由此可见,河湖水系连通性是指借助自然水循环的更新能力和各种人工措施等手段将自然演变或人工修建的河道干支流、湖泊及其他湿地等通过一定的调度准则使水系在物质、能量与信息上的连通程度。

2.1.2　水系连通性内涵

目前,水系连通性的概念还没达成共识,河湖水系连通的理论研究也还不完善,但对于河湖水系连通性的理解存在相似之处,依据诸多专家学者对河湖水系连通内涵的解释,本书认真分析、归纳总结河湖水系连通性内涵。

(1)借助自然水循环的更新能力和各种人工措施等手段连通河湖水系水网系统。构建水系水网系统需要综合利用自然水循环的更新能力(水环境承载力、水体自净能力、自我修复能力等)和各种人工措施(建闸、控支强干、堵支并流、水库等)手段,系统构建多源互补、引排自如、丰枯调剂、蓄泄兼筹、生态优美、环境健康的河湖水系连通的网络系统。

(2)充分反映河湖水系连通状况和水流的连续性。河湖水系连通性概念强调自然演变或人工修建的河道干支流、湖泊及其他湿地之间相连接的水流连接,包含有水流的连接通道和保持一定需求水量流动的水流两个基本要素。河湖水系连通性程度主要取决于水流连续性和水系连通状况(水流连通通道的畅通性)两个条件。

(3)多视角体现河湖水系连通功能。从实施水系连通的影响力(效果)和服务对象的角度来考虑,河湖水系连通功能主要包括两个方面,即自然功能和社会功能,其中水系连通的自然功能包括物质能量传递、河流地貌塑造、水环境净化和生态维系,水系连通的社会功能包括水资源调配、水能与水运资源利用、洪灾防御及其景观维护。

(4)实现河湖水系在物质、能量与信息上连通,保证水生态环境的健康发展和水资源的可持续利用。河湖水系连通具有利害两重性,在实践中,要尽可能避免河湖水系连通带来的各种负面影响或效应,通过一定的调度准则,科学试验和分析,尽量削减或消除负面影响,实现河湖水系在物质、能量与信息上正面连通,达到人水和谐及经济、资源、环境的协调发展。

2.2　河湖水系连通性机制

河湖水系是一个由3个空间纬度和1个时间纬度构成的4维自然生态系统,反映自然演变或人工修建的河道干支流、湖泊及其他湿地构成的水道系统。河湖水系连通性机制主要表现为3个空间纬度特征和1个时间纬度特征,即空间纵向连通性、空间横向连通性、空间垂向连通性和时间动态连通性(见图2-1)。

2.2.1　河湖水系纵向连通性

河湖水系纵向连通性是指物质、能量与信息在河湖水系纵向上(源头—河口)的水流连续性和水系连通状况。纵向连通的主要类型包括干流与支流连通、河流与水库连通、河流与河口湿地连通。河湖水系从源头至河口,有完整的水流连通通道和保持一定需求水量流动的水流,水流在水动力过程中通过营养物质的运移、转化、交换、释放和累积促使物质流、能量流与信息流在河湖水系纵向上的通畅程度。

支流沿程汇入干流改变了干流水沙条件,影响下游河床冲淤变化和演变,也改变了汇流河段的水力特性,但支流能为主河槽(干流)的水流连续性提供水源,增强河湖水系纵

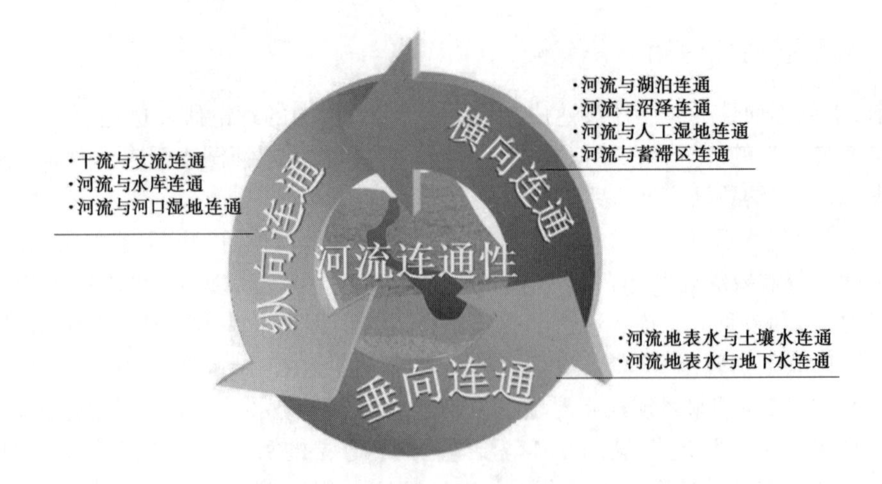

图 2-1　河湖水系连通性分类

向连通性。水库建设将水流拦腰截断影响了大坝下游河道水流输送量和水沙的时空运移过程，改变下游河道水文情势和生态水文过程，对河流水系生态完整性产生一定影响。可见，河湖水系纵向连通性涵盖了河流水沙过程、水文情势、生态水文过程、河流生态系统等多个方面。

2.2.2　河湖水系横向连通性

河湖水系横向连通性是指物质、能量与信息在河湖水系横向上（主河槽与滩地或主河槽与河岸带之间）的水流连续性和水系连通状况。横向连通的主要类型包括河流与滩地、河岸带、湖泊、沼泽、人工湿地、蓄泄洪区的横向连通。洪水季节，河湖水系水位高，水流溢出主河槽，淹没滩地或河岸带，退水时，水流归槽进入主河道，促进河流生态系统发展。枯水季节，主河槽水位较低，滩地或河岸带壤中流补给河流水系，保障河流生态系统的最低水位要求。另外，湖泊、沼泽、人工湿地、蓄泄洪区与河流之间横向连通性主要体现在大洪水来临时主河道水流分洪贮存在湖泊、沼泽、人工湿地、蓄泄洪区保障主河道安全，枯水时湖泊、沼泽、人工湿地、蓄泄洪区的水流向主河槽排泄，保障主河槽的水流连续性。河湖水系横向连通性对于塑造地形地貌、植物生长、演替以及物质迁移、能量转化起到了重要作用。

2.2.3　河湖水系垂向连通性

河湖水系垂向连通性是指物质、能量与信息在河湖水系垂向上（地表 - 地下）的水流连续性和水系连通状况。垂向连通的主要类型包括河流地表水与土壤水、河流地表水与地下水的连通。河湖水系垂向连通性主要表现在河流地表水与地下水两者之间的水流、溶质（溶解氧、有机质、养分等）以及生物等物质的运移连通程度。河流地表水在水力梯度力的作用下，流出河床或河岸与地下水之间发生水力联系。河流地表水以下降流的形式为地下水流输送流量、溶质，可提高潜流生物群落的演替，地下水以上升流的形式为地表河流栖息地的多样性和生物种群提供特殊的化学物质，实现河流生态系统的发展。

2.2.4　河湖水系时间动态连通性

河湖水系时间动态连通性是指物质、能量与信息在河湖水系纵向、横向和垂向上随时间变化而引起的水流连续性和水系连通状况。河湖水系的水位、流量、流速、泥沙、水温、水化学、生物分布等均有明显的季节性变化或年际变化。河湖水系的纵向连通性、横向连通性和垂向连通性随着季节变化而发生动态变化。我国夏季高温多雨,降水量较丰沛,河湖水系径流量大,河岸带土壤水易达到饱和,滩地淹没,河湖水系纵向连通性和垂向连通性程度高;反之,枯水季节,河道流量较小,水位较低,河岸带土壤水低于田间持水量,滩地出露水面,河湖水系横向连通性较为显著。丰水年河湖水系纵向、垂向连通性较平水年的连通性好,但要有保持一定需求水量流动的连通通道。

2.3　水系连通性影响因素

河湖水系连通性涉及自然、社会两种属性,其自然要素与社会要素都在不同程度上影响着河湖水系连通性。河湖水系连通性主要类型包含纵向、横向、空间垂向和时间动态四种连通性,不同连通性类型的影响因素不同,本书将从自然因素和人为因素分析河湖水系连通性。

2.3.1　自然因素

2.3.1.1　地质构造

河湖水系的形成与演化深受构造运动的影响与制约。地质构造会改变河湖水系的流向,控制着河湖水系格局,制约水系密度,对水系连通状况起到决定性作用。

2.3.1.2　地形地貌

地表经常性或间歇性有水流动的线状天然水道构成河流,主要由河槽和水流两个基本要素组成,水流不断塑造河槽,河槽又控制着水流,地形地貌约束着河流发育、水系的形成。深山峡谷区,河床多为基岩或砾石,河谷窄,多呈“V”形,纵断面呈阶梯状,主河道单一化,支流少,纵向连通性程度高,横向、垂向连通性不显著;平原河网区长度不等、大小不同的河槽相互交错,水系较为发育,顺畅的河湖水系网络能较好地实现水流循环,水系连通性好。

2.3.1.3　气候变化

河湖水系连通性主要包含结构连通性(水系连通状况)和水力连通性(水流连续性)两方面。气候变化是影响水力连通性的关键因素之一。降水丰沛,径流量大,河湖水系水流联系性好;反之,河湖水系连通性不通畅,但若遇暴雨,巨大的洪水将会冲毁河槽,影响河湖水系的结构连通性。

2.3.1.4　泥沙淤积

泥沙淤积是阻碍河湖水系水流连通性的重要因素。泥沙淤积发生在主河槽内或入汇湖泊的支流,促使河道内或河流水系与湖泊的水力联系通道阻塞,使河湖水系连通性变差。荆南三口河系河道的泥沙淤积削弱了长江与洞庭湖的水流联系,导致洞庭湖防洪功能减退，蓄水能力降低，水系连通通道出现了通畅问题。

2.3.1.5 河流摆动

河流摆动是影响河湖水系纵向、横向连通性主要因素，尤其是横向连通性。河流的凹岸水流流速快，容易受到水流侵蚀，凸岸水流流速慢，以堆积为主，不容易遭到侵蚀，河流两岸将发育成为宽窄不一的滩地，主河槽在展宽过程中可发育边滩或江心洲，形成了分流道、曲流或河道平面位置发生改变，使水系连通性变差，但裁弯取直有利于水系纵向连通。

2.3.2 人为因素

2.3.2.1 城镇化

城镇化是影响河湖水系连通性最重要的因素之一。随着城镇规模的不断扩张，人口向城市不断聚集，人类活动日益加强了对河网水系的改造，城镇化发展引起的河湖水系发生根本性变化，很大程度上改变了河网水生态平衡，引起水系结构变化和连通受阻，进而影响着河湖水系连通性。

2.3.2.2 水利工程

河湖水系连通工程措施包含筑堤、建闸、控支强干、堵支并流、水库、疏浚河道、开凿运河等。不同水利工程措施对河湖水系连通性的影响各异。修建堤防工程和闸门人为地节制了河湖水系之间的水力联系，切断了河湖水系之间的自然连通，但若合理改变闸口的调度机制，按照闸口生态调度方式实施，将有利于实现河湖水系的连通。控支强干、堵支并流可以增强支流与干流的纵向连通性，增大河湖水系的水流连续性。开凿运河可以有效提高河湖水系连通性，增强河湖水系的水流连续性和水系连通程度，荆南三口河系松滋河具有较为稳定的水资源，通过开凿运河由西向东从松滋东支下口小望角经虎渡河、藕池河中、西支向东穿越藕池东支的注子口连接东洞庭湖，有效地解决了虎渡河、藕池河下游的水资源问题。

2.3.2.3 围垦

围垦是影响河湖水系连通性人为因素中最重要的因子之一。湖区大规模围湖造田，促使湖泊面积显著减小或萎缩，与外来水体联系减弱，一定程度上削弱了河湖水系连通性。洞庭湖湖泊面积自 1852 年的6 000 km^2衰减至1949 年的4 350 km^2，由于大量蓄洪垦殖工程，1978 年湖泊面积为 2 691 km^2，围垦与泥沙淤积导致洞庭湖湖面面积和容积急剧减少，也减弱了干流洪水的调蓄作用，降低了河湖水系的纵向连通性程度。

2.4 水系连通性评价方法概述

水系连通性研究处于起步阶段，其概念、内涵及定量评价方法都在不断深化及创新，由于研究尺度及侧重点或角度的不同，其评价方法存在一定的差异。目前，运用最广泛的定量评价方法有图论法、水文模型、连通性函数、景观生态学及其他辅助方法等。Phillips 等和 Jencso 等描述了连通性与径流动力学关系；Poulter 等通过调查人工水系水网的自然属性，运用图论法建立电子网络模型，达到定量评价水系连通的目的；Cui 等分别采用图论和最短路径算法对高流量和低流量河网设计两种情况进行定量评价；Lane 等以水文模型依托,对比分析河网的网络参数在径流产生和连通性中的重要性;Karim 等运用 MIKE21 模型来计算径流时间、持续性,以及空间的连通范围;赵进勇等利用图论法对河道滩区系统连通性进行定量评价;徐慧等、韩龙飞等对基于景观生态学方法的平原水网连通性进行了有益的尝试,将景观空间结构分析方法应用于城市水系规划中;邵玉龙等运用图论和 GIS 相结合的方式对苏州市水系结构及河流连通性进行了分析,指出苏州市中心区河流总长,河网密度,河流结点数,河链数,水系连通度节二、三级支流数均呈下降趋势。此外,国内众多学者从构建水系连通性评价指标体系的角度定量评价河湖水系连通,如左其亭、陈星等课题组。各种水系连通性定量评价方法,各有千秋,有其自身的适用范围和条件,在解决实际问题时需要选择适宜的或创新的评价方法。

2.5　小　结

河湖水系连通性是指借助自然水循环的更新能力和各种人工措施等手段,将自然演变或人工修建的河道干支流、湖泊及其他湿地等通过一定的调度准则使水系在物质、能量与信息上的连通程度。河湖水系连通性借助自然水循环的更新能力和各种人工措施等手段连通河湖水系水网系统,充分反映河湖水系连通状况和水流的连续性,多视角体现河湖水系连通功能,实现河湖水系在物质、能量与信息上连通,保证水生态环境的健康发展和水资源的可持续利用。河湖水系连通性机制主要表现为 3 个空间纬度特征(纵向、横向、垂向连通性)和 1 个时间纬度特征(时间动态连通性)。自然因素和社会因素都在不同程度上影响着河湖水系连通性。

第3章 荆南三口水系连通度演变特征及其驱动因素

河湖水系是陆地生态系统的重要组成部分,水系分布与连通影响着区域水资源状况与水循环。水系连通程度高,则水流循环较通畅,将有利于净化水质、调蓄洪水、增加水生态环境承载力、水动力条件强;反之,水系连通度低,河流连通受阻,调蓄能力下降,水动力条件减弱,洪涝灾害加剧。至此,水系连通度的定量评价就显得尤为重要。本章从计算水系连通度入手,分析荆南三口地区水系连通度演变特征,揭示演变规律与驱动因素,对水系连通度序列变化趋势进行突变分析,有利于寻求水系连通度与水资源态势、水文干旱及缺水响应的研究结合点,为揭示水系连通度与水资源之间的内在联系提供支撑。

3.1 研究区域概况

3.1.1 荆南三口水系

荆江是指中国长江枝城(湖北省)至城陵矶(湖南省)段的别称,河流全长 360 km,流域面积约为 8 489 km^2。荆江以藕池口为界分为上荆江和下荆江。下荆江河道蜿蜒曲折,有"九曲回肠"之称。荆江以北是古云梦大泽范围,以南是洞庭湖,地势低洼。长江干流自松滋口、太平口、藕池口、调弦口分流,向南抵至澧水洪道、官垸河、藕池西支(安乡河或管垱河)、虎渡河、沱江、注滋口等分别(自西向东)汇入目平湖、南洞庭湖及东洞庭湖。松滋入口后,分为东、西两支,松滋东支经沙道观、中河口至瓦窑与松滋西支相汇合,全长约为 87.35 km;松滋西支经新江口、杨家垱至瓦窑与松滋东支相汇合,全长约为 83.36 km;于瓦窑汇合后又分为东支(大湖口河,全长 43.85 km)、中支(自治局河,全长 28.93 km)、西支(官垸河,全长 35.50 km)三支向南流,在肖家湾以下往南注入目平湖,往东汇入虎渡河、藕池河,最终注入南洞庭湖。虎渡河自太平口分泄长江水流经弥陀寺、黄金口、黑狗垱、黄山头、大杨树、董家垱、陆家渡,至小河口与松滋河汇合至肖家湾,全长约为 133.30 km。藕池河自藕池口分泄长江水流从康家岗和管家铺两口注入,其支流甚多,一般分为东支、中支、西支;藕池河西支(安乡河或管垱河)从康家岗、官当、麻河口、下柴市、三岔河至下狗头洲,全长 86.00 km;藕池河中支从黄金咀分泄藕池河东支,流经团山寺至陈家岭、荷花咀、下游港,至下柴市与藕池河西支汇合经三岔河,至茅草街与松滋河、虎渡河汇合注入南洞庭湖;藕池河东支从藕池口进口后经康家岗、管家铺、老山咀、黄金咀、江波渡、南县城、九斤麻、明山头、注滋口、新洲注入东洞庭湖,全长约为 91.00 km,东支至九斤麻后分支,往南的支流(沱江,全长约为 39 km)经乌咀、中鱼口、三仙湖,至茅草街与松滋河、虎渡河汇合注入南洞庭湖。由此可见长江水经松滋、虎渡河(太平)、藕池、调弦四口分流进入洞庭湖,调弦口于 1958 年冬封堵,现称荆南三口河系(见图 3-1),该水系为河谷平原水系结构,有五条干流,每条干流一个水文站,即松滋河西支(新江口水文站)、松滋河东支(沙道观水文站)、虎渡河(弥陀寺水文站)、藕池河西支(康家岗水文站)、藕池河东支(管家铺水文站)。荆南三口河系是沟通长江与洞庭湖的水流通道,由于江湖关系的剧烈演变,三口河系已成为典型的季节性河流。该流域属于亚热带季风气候区,多年平均气温16.8 ℃,多年平均降水量1 241.2 ~ 1 265.6 mm,降水量在年内、年际间分配不均匀,汛期4 ~ 9 月降水量为844.4 mm,占全年降水量的67.4%以上,多年平均蒸发量为1 174.5 ~ 1 251.0 mm。

图 3-1　荆南三口河系及主要水文站点分布示意图

通过上述分析可以看出,荆南三口五河的河网结构为网状水系。长江干流荆江段从三口分泄水流向南入洞庭湖,主干、支流区分不明显,支流均匀分散,水势变化较和缓,河道交织成网,形成网状水系。1956 ~ 2017 年荆南三口水系发育正趋于单一化和主干化,水系分维数、河流长度、河网密度、河流数目、水面率、支流发育系数、河网复杂度均呈下降趋势。

3.1.2　行政区域

荆南三口河系流经公安县、石首市、华容县、安乡县、南县等行政区域,公安县、石首市

2 个行政区域水资源受长江荆江段影响大,荆南三口河系径流量锐减或出现季节性断流现象,导致水资源短缺或旱灾,影响最为严重的地区是华容县和安乡县。因此,本书中荆南三口地区主要包括华容县、安乡县、南县三县行政区域范围,其国土面积为 3 759 km^2,其中华容县 1 607 km^2、安乡县 1 087 km^2、南县 1 065 km^2。

2017 年,华容县、安乡县、南县三县总人口分别为 73.11 万、60.53 万、78.43 万,工业产业增加值分别为 114.19 亿元、60.44 亿元、42.20 亿元,第三产业增加值 116.41 亿元、88.14 亿元、109.9 亿元,农田灌溉面积 74.70 万亩、67.19 万亩、38.09 万亩[1];从用水效益来看,2017 年三县人均水资源量分别为 1 439 m^3/人、771 m^3/人、771 m^3/人,产水模数分别为 53 万 m^3/km^2、43 万 m^3/km^2、57 万 m^3/km^2,水资源开发利用率 64%、91%、64%,人均生活用水量分别为 45 m^3/人、44 m^3/人、46 m^3/人,万元 GDP 用水量分别为 130 m^3/万元、219 m^3/万元、130 m^3/万元,万元工业产值用水定额分别为 46 m^3/万元、56 m^3/万元、27 m^3/万元,农田灌溉用水定额分别为 500 m^3/亩、514 m^3/亩、500 m^3/亩。

3.2　水系连通度评价方法

3.2.1　水系连通度

水系连通性是指水系之间相互连通的状况,主要由 2 个基本组成要素:①要有能满足一定需求情况下保持持续流动的水体;②要有能承载周而复始水流运动的过水通道,其连通程度称为水系连通度。因此,在选择水系连通性评价方法或评价指标上,需要综合考虑上述两个重要基本要素,即通过判断满足一定需求状况下水流是否连续、过水通道是否保持通畅来评价水系连通性状况的好坏。可见,水系连通性体现在结构连通性和水力连通性两个不同的方面,结构连通性是水系连通性的基础,水力连通性是水系连通性的目标,结构连通性制约着水力连通性,改善水系连通性之前要充分考虑结构连通性是否达到一定的水平,在一般情况下是通过水利工程合理配置来实现水力连通性。影响水系结构连通性的因素包括河道的自然因素(流域面积、河道长度、过水能力等)和社会因素(河道级别、空间位置、功能定位)。因此,水系连通性评价(水系连通度)需要考虑河道自然属性和社会属性两重属性。

3.2.2　基于河流自然属性、社会属性的水系连通度评价方法

本章选用基于河流自然属性、社会属性的水系连通性评价方法,通过过水流量、径流系数等构建水系连通性函数,设河网中河段的长度为 l_i,该河段的重要程度为 w_i,过水能力为 c_i,过水能力指数为 $f_i(c_i)$,河网中河段的平均宽度为 b_i,则河网的水系连通度计算公式如下:

$$F = \frac{1}{Q}\sum_{i=1}^{e} l_i w_i f_i(c_i) b_i \tag{3-1}$$

[1] 1 亩 = 1/15 hm^2,全书同。

$$w_i = \frac{\sum_{j=1}^{m} a_j k_{ij} \sum_{l=1}^{n} a_l k_{il}}{\sum_{i=1}^{e} (\sum_{j=1}^{m} a_j k_{ij} \sum_{l=1}^{n} a_l k_{il})}, \sum_{j=1}^{m} a_j = 1, \sum_{l=1}^{n} a_l = 1 \tag{3-2}$$

$$f_i(c_i) = c_i/c_0 \approx S_i/S_0 \tag{3-3}$$

式中:F 为水系连通度;Q 为河网覆盖区域面积;e 为河网中河段数; a_j、a_l 分别为定性和定量因素的权重系数;m 为定量指标的个数;n 为定性指标的个数,书中选取河道级别(定量因素)、引排水功能定位(定性因素)、河道空间位置(定性因素)三个因素反映河段的重要程度,其权重系数分别为0.4、0.4、0.3; k_{ij} 为河网中河段定性因素的归一化值或标准化值; k_{il} 为河网中河段定量因素的标准化值; S_i 为河网中河段的平均断面面积; S_0 为标准河段平均断面面积。

各年河段长度数据来源于湖南省水利厅洞庭湖工程管理处提供的地形图、水系图或遥感图(2005~2016年);河网中各河段河流面积、流域面积及定性、定量指标来源于2016年《洞庭湖四口河系防洪、水资源与水环境研究报告》,以及由湖南省水利水电勘测设计研究总院、中国水利水电科学研究院、长江水利委员会水文局、荆江水文水资源勘测局联合研究报告即《河道演变对三口径流的影响与对策措施研究》。

3.3　荆南三口水系连通度演变特征及其驱动因素

3.3.1　水系连通度演变特征

基于河流自然属性、社会属性的水系连通性评价方法,选出河网中河段的长度、河段的重要程度、过水能力、过水能力指数等参数,构建水系连通性函数,充分考虑了河道的自然属性与社会属性两个属性。首先,利用水系结构特征和各河道的自然属性,划分河道等级;其次,根据各河道的社会属性,由式(3-2)计算得到各河道的重要程度;最后,由式(3 3)、式(3-1)计算获得1956年、1978年、1989年、2008年和2016年5期荆南三口水系连通度,并计算和分析出整个研究时段的水系连通度(见图3-2)。

从整个研究时段来看,该地区水系连通度呈现缓慢递减,在0.018 2~0.014 5变动,总的变化趋势是先显著减小后趋于平稳(见图3-2)。从程度变化来看,荆南三口地区水系连通度具有显著的阶段性,1989年该地区水系连通度最低,为0.014 42,与1956年相比下降了23.88%,年均下降率0.76%,2016年与1989年变动不大,上升幅度不到0.5%,年均增长率仅为0.018%,表明1989年以前水系连通度变化大,1989年后变化平缓。从该地区各河系水系连通度变化趋势来看,松滋河水系、虎渡河水系、藕池河水系(华容河因调弦口1958年建闸封堵,不予考虑)的连通度变化水平存在一定差异,松滋河水系连通度呈显著下降趋势,虎渡河水系连通度呈平缓下降趋势,藕池河水系连通度在整个研究时段呈增长趋势,线性相关性不强,1956~1989年水系连通度较平稳,1990~2017年水系连通度呈线性显著增加趋势(见图3-3)。1956~2017年,松滋河水系连通度由0.004 91减至0.004 18,减少0.000 73,下降率为14.88%, 虎渡河水系由0.002 44增至

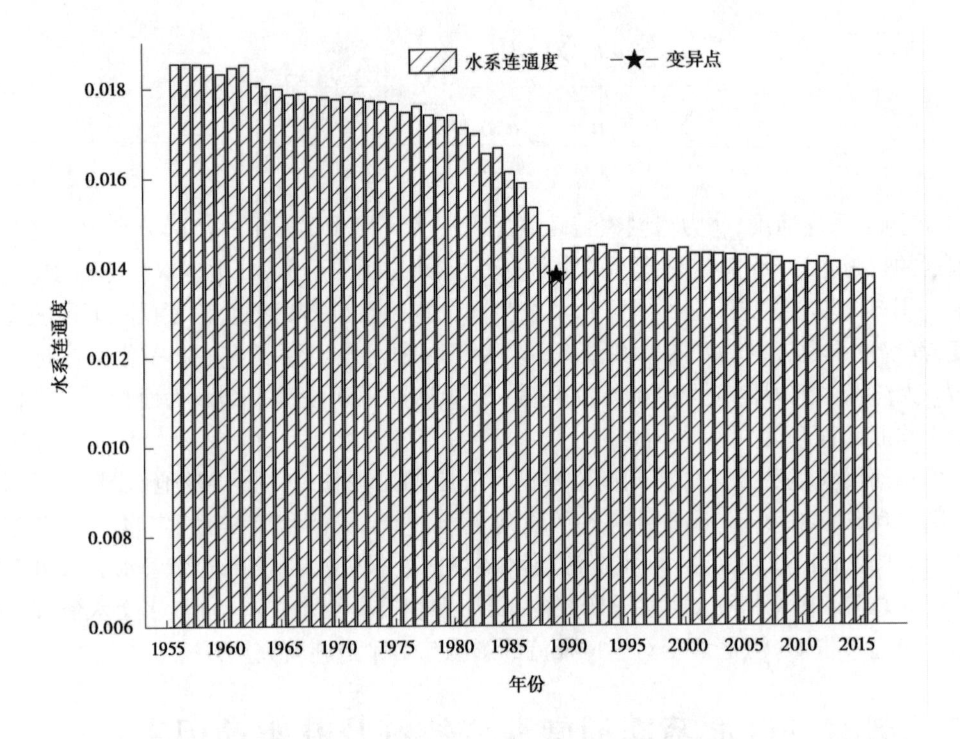

图 3-2　1956～2017 年荆南三口水系连通度演变

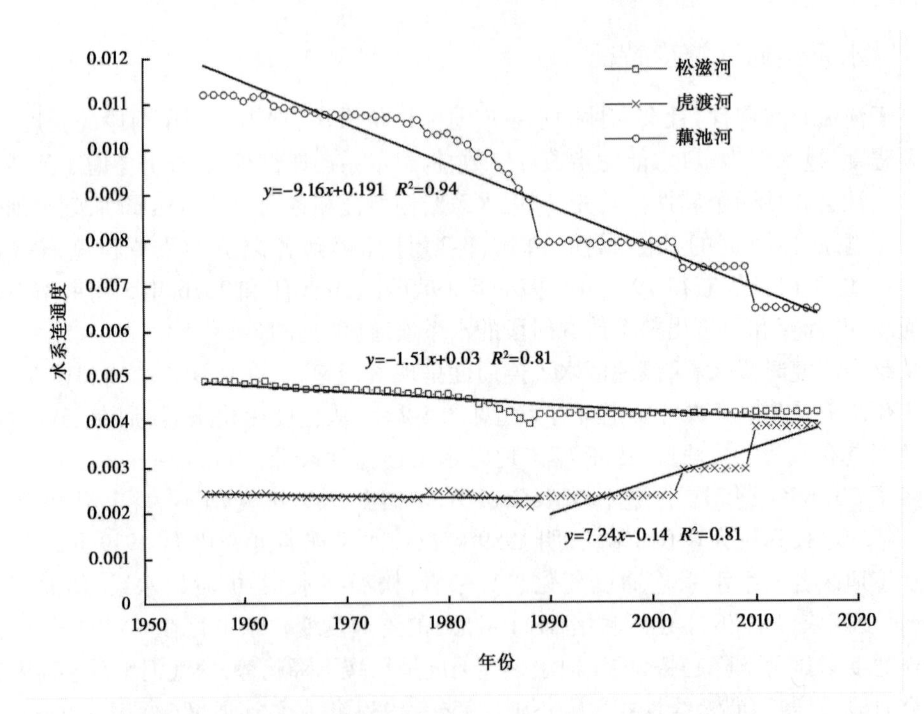

图 3-3　荆南三口各河系水系连通度变化趋势

0.003 86,增加 0.001 42,上升率为 58.12%,藕池河水系由 0.007 92 减至 0.006 45,减少 0.001 47,下降率为 18.56%,松滋河水系连通度下降趋势低于藕池河,而虎渡河水系连通度呈增加趋势。

从水系结构视角来看,荆南三口地区各等级河流数量、河长、水面率、河频率、河网密度、河网发育系数、水系分维系数呈现不同程度的递减规律(见图 3-4)。河流等级(Strahler 分级法)越高,减少趋势越平缓;河流等级越低,减少越快,研究区 4 级河流数由 20 条减至 12 条,1 级河流数由 155 条减至 70 条,大量较窄的河道(1 级和 2 级)形成的小河流,在建设道路、修筑房屋、田园化以及修建水利工程等人类活动影响下逐渐消失或成为断头河或被人为填埋,致使低等级河流消失,这意味着河流与河流之间的水系连通范围缩小,水系连通度降低。

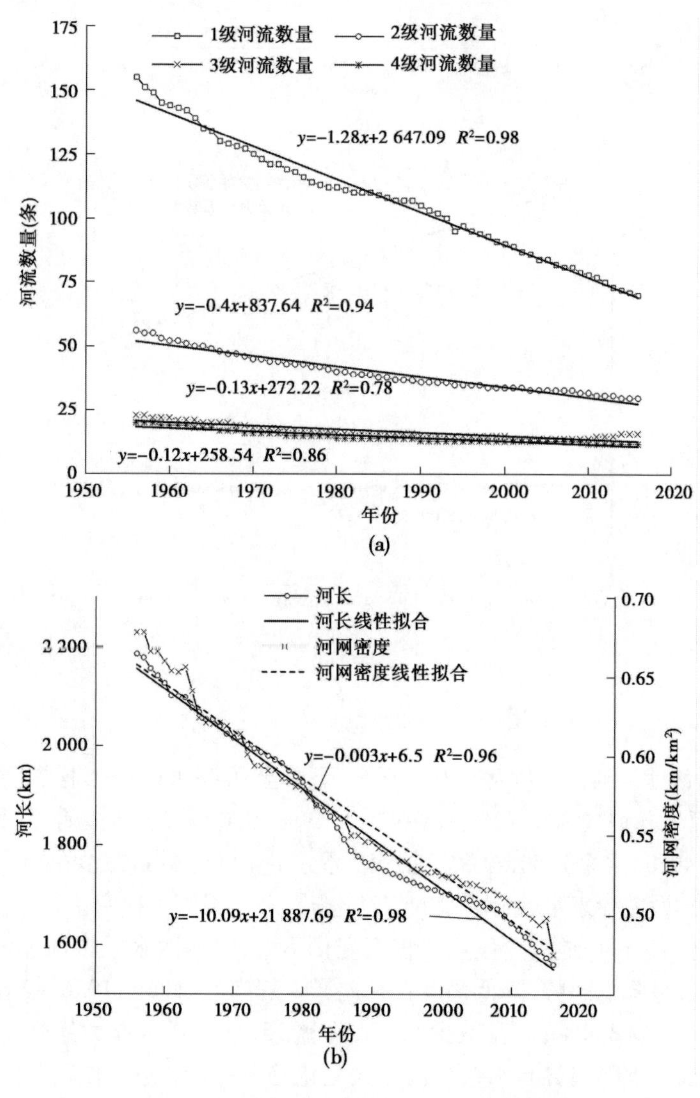

图 3-4　荆南三口水系结构指标变化趋势

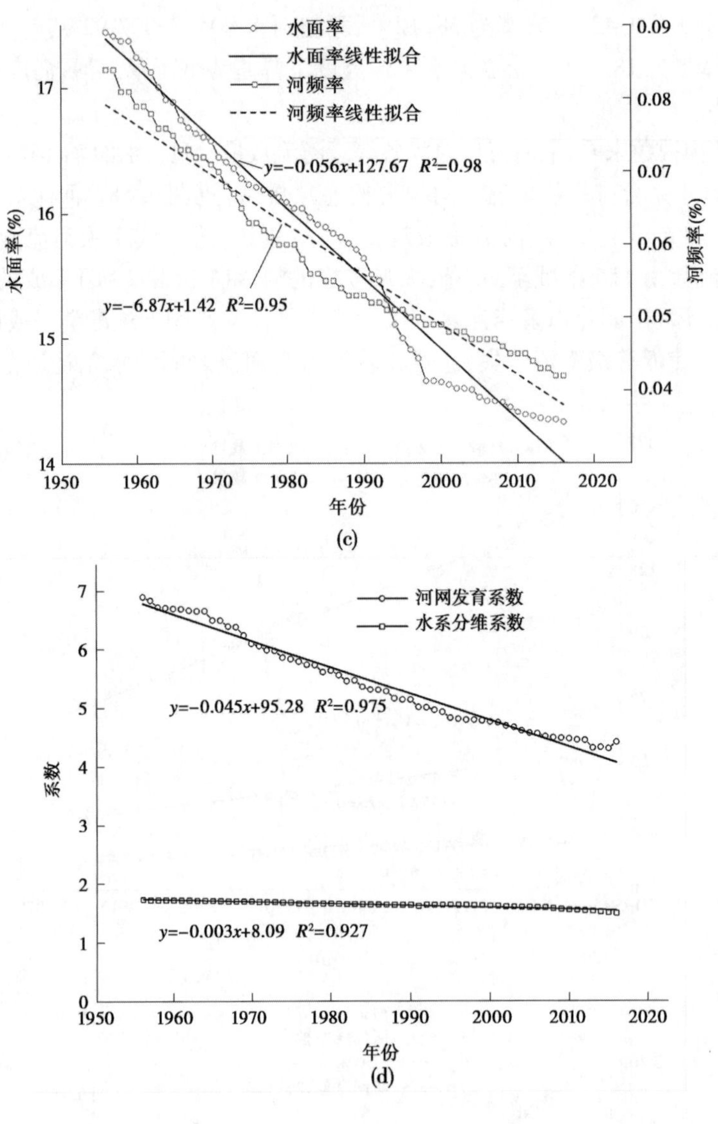

续图 3-4

1989 年后该地区河网密度从 0.6 km/km^2 下降至 0.48 km/km^2，松滋河、虎渡河、藕池河、华容河水面率分别减少 0.79%、0.76%、1.19%、0.09%，支流发育系数衰减 30%，河网复杂度减少 40%，水系分维数减少到 1.5，部分主干河道数量减少估计与近 60 年来长江干流水库群建设减少来水、荆南三口地区实施围湖造田等工程密切相关。

从维度变化来看，该地区河段重要程度变化不大，但河网水系中河流的长度、宽度以及过水能力系数呈降低态势，降低幅度存在差异。荆南三口地区 1956～2017 年河流总长度减少约 3 km，降幅 3.4%；河宽减少 52 m，降幅 15.1%；过水能力系数降低 0.14，降幅 19.4%。三大因素下降趋势与水系结构参数变化趋势相似，表明水系连通度与水系结构相辅相成。因此，改善水系结构，可以提高水系连通度。

从水系格局与形状来看，荆南三口水系格局与形状变化不大，三口分泄长江主干水流向南入洞庭湖，主干、支流区分不明显，支流均匀分散，水势变化较和缓，河道交织成网，形成网状水系。松滋河水系、藕池河水系主要由西支、中支、东支以及众多小支流组成（见图 3-5）。这一现象表明藕池河水系、虎渡河水系连通度容易受环境变化影响，上游水库

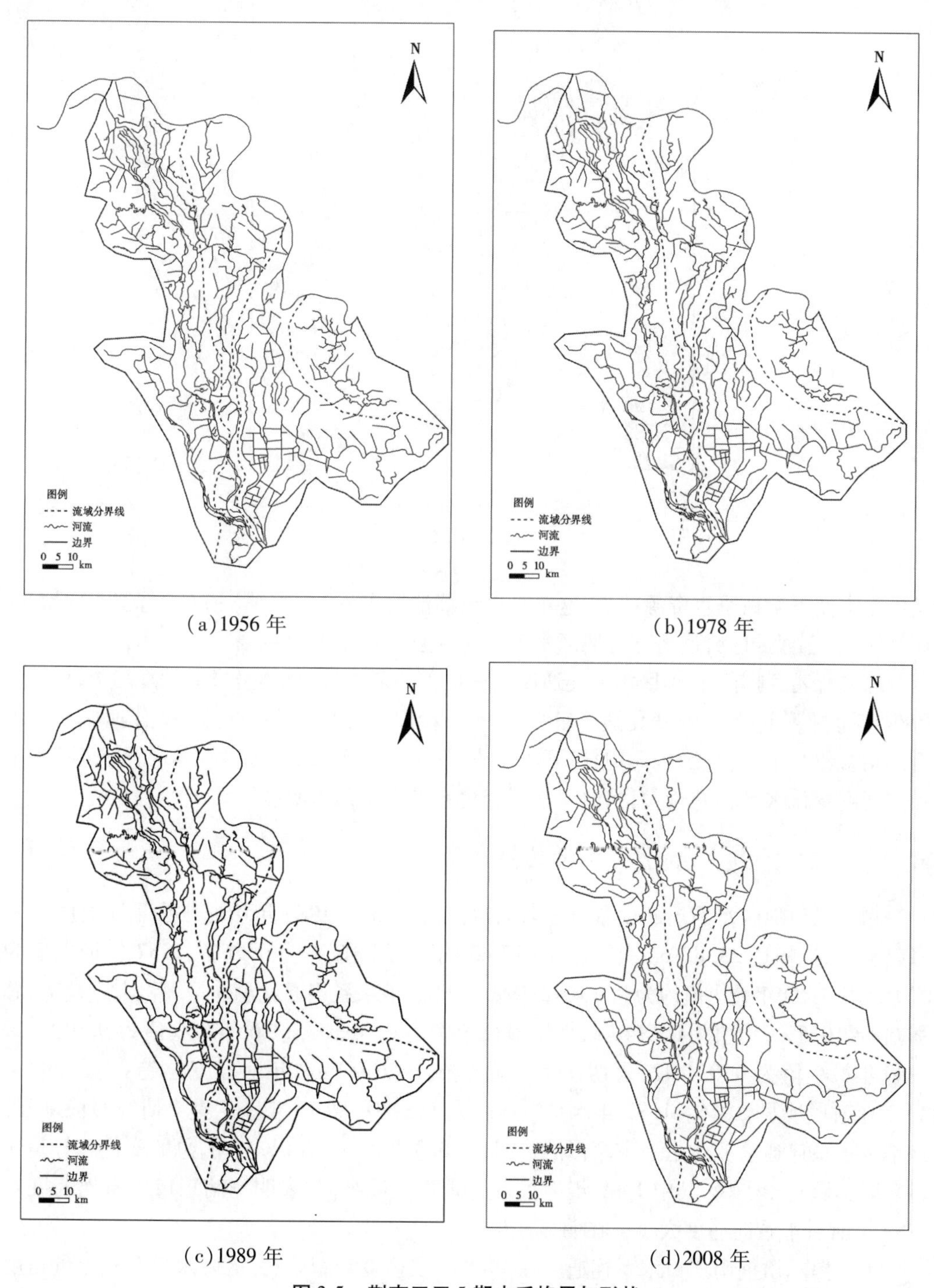

(a)1956 年　(b)1978 年

(c)1989 年　(d)2008 年

图 3-5　荆南三口 5 期水系格局与形状

(e)2016 年

续图 3-5

建设蓄水使下游枯季水资源减少,这正是导致藕池河东支(管家铺)枯水季节连续断流的症结所在。由此可见,荆南三口地区水系连通度空间演化差异明显。

综上所述,荆南三口地区水系连通度具有显著的阶段性,总体呈显著下降趋势,1956~1989 年呈显著下降趋势,变化速率较大;1990~2017 年呈缓慢递增趋势,变化速率小。水系结构参数与维度因素大多呈明显下降趋势,降幅存在差异;空间变化水平上,该河系水系连通度变化水平相差较大,藕池河水系变化水平之高尤为明显。

3.3.2 水系连通变异分割点的识别

荆南三口地区水系连通度具有显著的阶段性,1956~1989 年该地区水系连通度呈下降趋势,总降幅达 23.88%,均值为 0.017 43,年均下降速率为 0.76%,1957 年最大值为 0.018 55,1989 年最小值约为 0.014 42;1990~2017 年水系连通度总体呈缓慢上升趋势,总涨幅不到 0.5%,均值为 0.014 44,年均增长速率为 0.018%,2016 年最大值为 0.014 51,1990 年最小值为 0.014 42,表明水系连通度在 1956~1989 年时段变化趋势比 1990~2017 年时段明显,1956~1989 年水系连通度大于 1990~2017 年。从整个研究时段来看,该地区水系连通度变化是一个缓慢的过程,在 0.018 2~0.014 5 波动,总的变化趋势是先显著减小后趋于平稳,其中 1989 年为水系连通度的最小值,表明荆南三口水系连通度在 1989 年前后水系连通度大小存在明显差异。

为了揭示出荆南三口水系连通度在 1989 年发生变异,从研究区降水量和径流量角度加以解释说明。由图 3-6 可发现,1956~2017 年荆南三口地区年降水量呈线性不显著增加趋势、年径流量呈线性显著下降趋势,年降水量、年径流量在 1956 ~ 1989 年、1990 ~ 2017 年两时段变化趋势和特征存在明显差异。1956 ~ 1989 年年降水量呈线性不显著增加趋势,1990 ~ 2017 年呈线性不显著下降趋势,但 1990 ~ 2017 年年降水量最大值、最小值、平均值均高于 1956 ~ 1989 年。与此同时,1956 ~ 1989 年、1990 ~ 2017 年两个时段年径流量都呈线性不显著下降趋势,1956 ~ 1989 年下降速率高于 1990 ~ 2017 年,但 1990 ~ 2017 年年径流量最大值、最小值、平均值均低于 1956 ~ 1989 年,说明降水量变化趋势与径流量变化趋势的不一致性恰好证明了人类活动是径流量减少的主要驱动因素,意味着人类活动直接影响水系结构,干扰水系连通度,进而影响径流量。因此,1989 年是荆南三口地区径流量变化的一个重要节点。

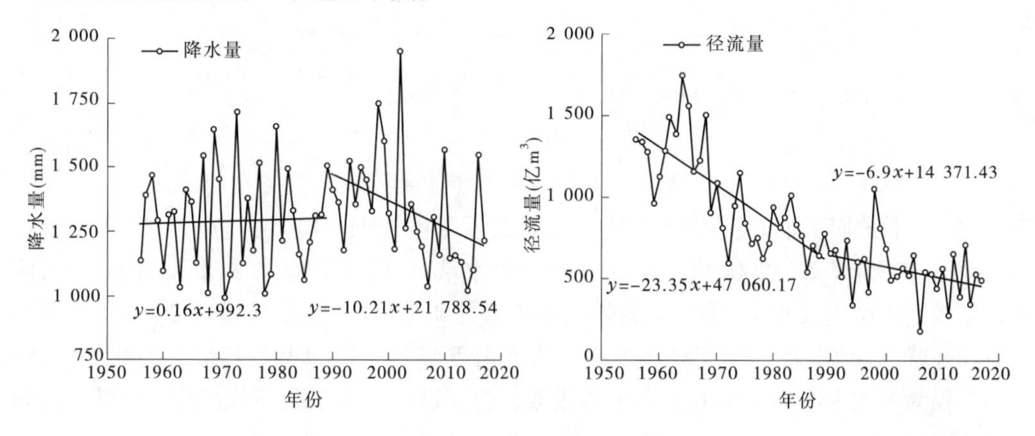

图 3-6　荆南三口地区降水量、径流量变化

从荆南三口分沙和河道淤积来看,1956 ~ 2017 年荆南三口年分沙量呈线性显著下降趋势,1956 ~ 1989 年年分沙量下降率低于 1990 ~ 2017 年(见图 3-7),1956 ~ 1989 年年分沙量的最大值、最小值、平均值分别为 14 977.52 万 t、5 221.97 万 t、9 237.41 万 t,均高于 1990 ~ 2017 年的 11 661.10 万 t、144.98 万 t、3 031.94 万 t。这主要是由于 1966 ~ 1987 年上荆江冲刷强度达到最大值,累积冲刷约为 2.33 亿 m^3,是荆江河段河床下切加深、水位降低所致。与此同时,1953 ~ 1990 年荆南三口河系河床平均淤积高度约为 4.08 m,相当于淤高 0.107 m/年,淤积量为 0.42 亿 m^3,过水面积约缩小 1 080 m^2,该阶段分流分沙量锐减,河床淤塞,过水能力缩小,河道衰退。总体而言,1990 年之前荆南三口河系分流分沙变化明显,河道淤积较严重,水系连通度影响较大。

从水利工程建设和运行来看,荆江与荆南三口地区相继建成的众多水利工程对三口分流比产生一定影响(见图 3-8),该地区区外 1958 年冬调弦口建闸封堵严重影响了华容河过水能力,1967 ~ 1972 年人工先后在中州子、上车弯等河道实施裁弯取直以及沙滩子自然裁弯取直工程,缩短了河长,进而使后期水系连通度低于 20 世纪 50 年代。此外,区内相继建设的水利工程在一定程度上制约着水系连通度,尤其是围湖造田,河道硬化等,削弱了水系连通度。1990 ~ 2017 年,该地区水系连通度处于平缓波动期。此时期荆南三口区外以葛洲坝(1988 年)以及三峡(2003 年)水利工程形成的水库群控制荆南三口来水,影响着水系引排水功能定位以及过水能力系数,由于水库在运行期间,夏季防洪泄水,

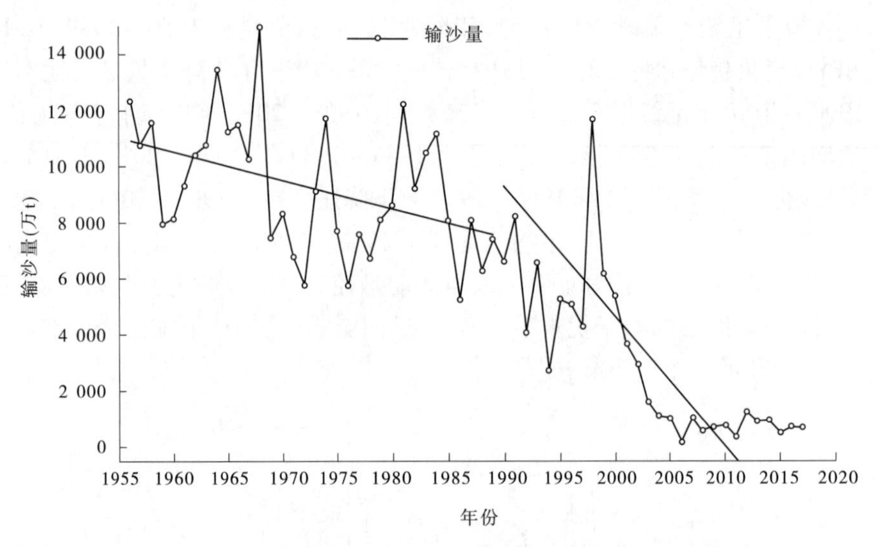

图 3-7　荆南三口分沙变化趋势

汛末蓄水,对于年际而言变化不大,故水系连通度平稳波动;区内实施退田还湖、平垸行洪、清淤疏浚等(1998～2006年)水利,工程增加水域宽度、河段数,提高水系重要程度,使水系连通度稍增大;1990年前后水系连通功能差异明显,物质能量转递功能、生态维系功能由较好状态变为"差"状态,水资源调配功能由下降趋势转为上升趋势。由此可见,以水利工程为主的人类活动影响水系中河段数、河长、过水能力系数、河宽等参数,进而影响水系连通度。

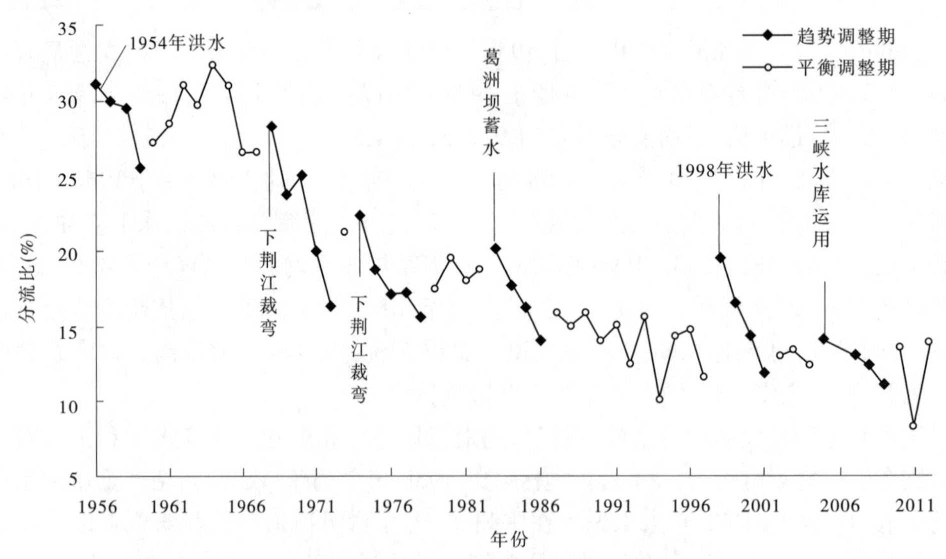

图 3-8　荆南三口水系分流比变化与水利工程关系

最后,运用M－K检验法对1956～2017年水系连通度计算值进行统计分析,检验出水系连通度系列的突变性。由图3-9可见,1956～2017年荆南三口地区水系连通度自1961年后UF统计量一直小于0值,说明水系连通度自1961年以来始终呈减少趋势。在

给定显著性水平 $\alpha = 0.05$，水系连通度UF、UB曲线在1957年、1960年、1989年出现交点，且交点落在置信度为95%的检验值范围内，剔除伪突变点1957年、1960年，则1989年为该河系连通度突变点（突变年份），说明水系连通度在1989年发生变异，水系连通度显著阶段性演变特征正好验证了这一变异性质。为便于通过对比分析水系连通度的驱动因素以及水系连通变异下水文干旱历时、水文干旱强度、水文干旱峰值的变化、水资源态势，来识别水文干旱和分析其演变特征、变化规律。将荆南三口河系1956～2017年水系连通度变化过程分割为两个子系列：1956～1989年（水系连通变异前）和1990～2017年（水系连通变异后）。下面均以这两个时期做对比分析相关问题。

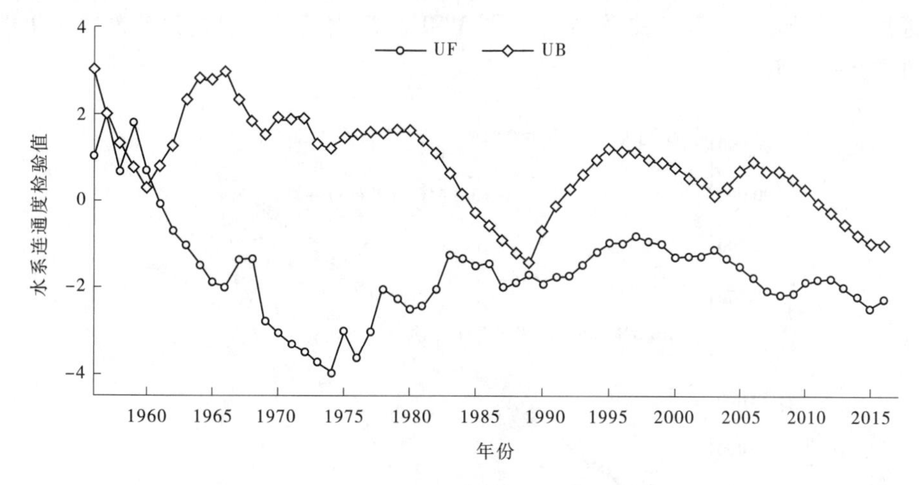

图3-9　荆南三口水系连通度M－K检验值变化过程

荆南三口水系连通度突变时间是1989年。1989年前1级、2级、3级、4级河流数量减少量超过1989年后，前者减少42条、14条、6条、5条，而后者减少37条、7条、0条、2条，河道长度下降量相差29.4 m，河频率缩减量是突变后的2倍多，河网密度比突变后多减少0.023 km/km^2，河网发育系数比突变后多减少0.695，说明1956～1989年该地区水系结构参数缩减趋势比1990～2017年显著，水系结构参数降低导致水系连通度下降。另外，荆南三口水系年水资源量在1991年发生突变，具有较为显著的下降趋势，尤其是藕池河中支、东支表现更为强烈；同时，由于不同时期水利工程影响，20世纪五六十年代至八九十年代荆南三口多年平均分流量比1989～2017年多143.85亿m^3，分流比多13.6%，多年平均断流天数比1989～2017年少256 d，表明该地区年水资源量、分流量、断流时间在1989年前后存在显著差异，这主要是水系连通度变化导致的结果，突变前水系连通度高，水资源量大，分流比高，断流时间短，突变后水系连通度降低，水资源量递减，分流比降低，断流时间延长。

3.3.3　水系连通度变化的驱动因素

河湖水系连通度主要影响因素包含自然因素（地质构造、地形地貌、气候变化、泥沙淤积、河流摆动等）和社会因素（城镇化、水利工程、围垦等）两个方面。根据荆南三口水系连通度变化实际，本书主要从气候变化（降水、蒸散发）和人类活动来分析该区域水系连通度变化的驱动因素。

对于河湖水系而言，水系连通度改变是气候变化与人类活动协同作用叠加的结果。为便于分析比较，依据水系连通变异分割点，同前文所述，1956～1989年为水系连通度基准期，1990～2017年为水系连通变异期。此外，为了能计算出基准期降水、蒸散发与人类活动对水系连通度影响的贡献率，1956～1960年累积降水量、累积蒸散发量与累积水系连通度斜率作为计算基准期的起点值，变异期累积斜率变化率的参考值则以1961～1989年的斜率作为起点。基于此，运用originPro软件拟合累积降水量、累积蒸散发量、累积水系连通度与年份之间的线性关系，结果见图3-10，发现它们之间的相关系数达到0.99，说明线性关系拟合效果好。

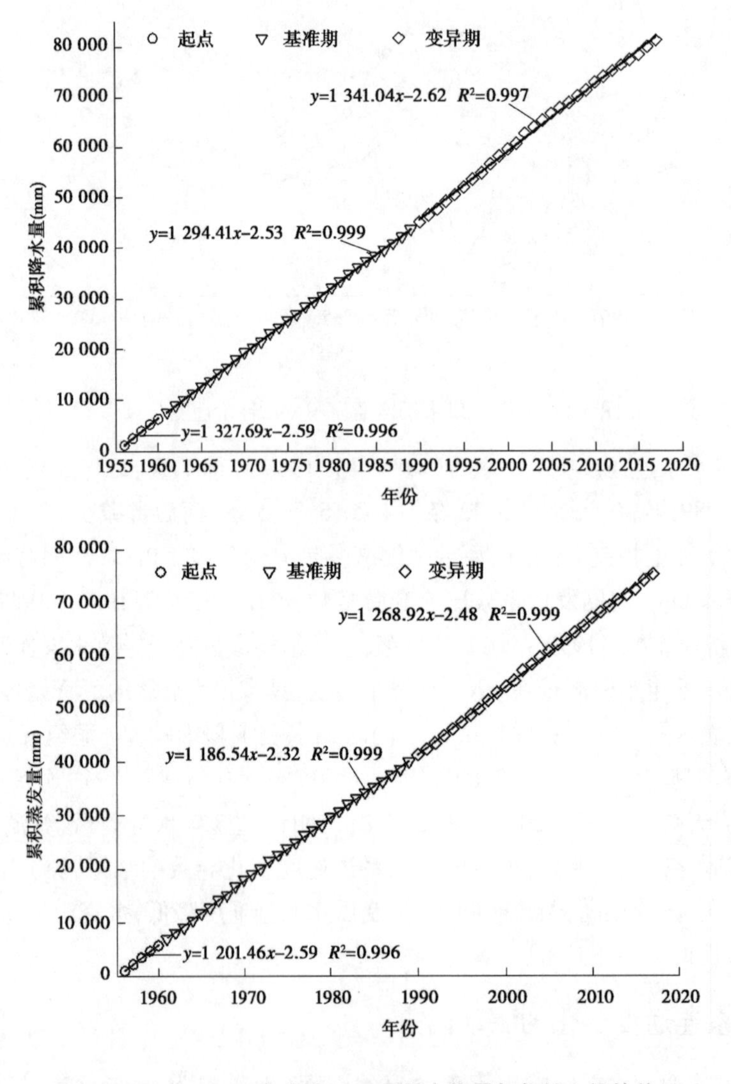

图3-10　1956～2017年荆南三口累积变化量与年份之间的关系

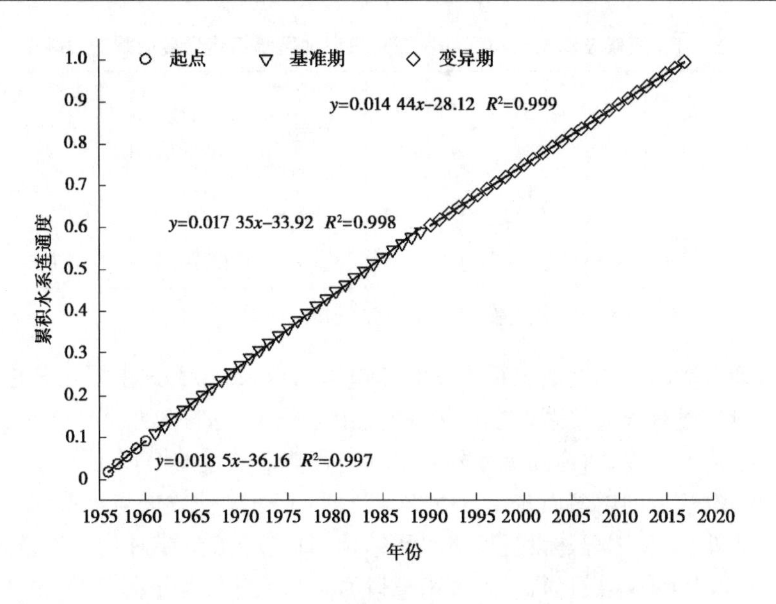

续图 3-10

由图3-10可以得到计算贡献率的相关参数,如各时段累积降水量斜率、累积蒸散发量斜率、累积水系连通度斜率。从各参数斜率变化率来看,基准期、变异期的水系连通度斜率 K_{Da}、K_{Db} 分别为0.017 35、0.014 44,经对比分析,变异期水系连通度每年减少0.003 09,水系连通度斜率变化率为21.40%,表明水系连通度在变异前后呈下降状态,与前面论述水系连通度演变特征相吻合;基准期与变异期内,降水量斜率 K_{Pa}、K_{Pb} 分别为1 294.41 mm/a、1 341.04 mm/a,年均降水量分别为1 293.47 mm、1 335.12 mm,变异后期降水量斜率、年均降水量比前期分别增加46.63 mm/a、41.65 mm/a,降水量斜率变化率为-3.48%;蒸散发量斜率 K_{Ea}、K_{Eb} 分别为1 186.54 mm/a、1 268.92 mm/a,年均蒸散发量分别为1 182.88 mm、1 255.45 mm,变异后期蒸散发量斜率、年均蒸散发量比前期分别增加82.38 mm/a、72.57 mm/a,蒸散发量斜率变化率为6.49%。可见,降水量斜率变化率与蒸散发量斜率变化量之和与水系连通度斜率变化率之间存在明显差异,说明荆南三口水系连通度变化不单存在气候因素影响,在一定程度上也受人类活动影响。

根据式(3-1)~式(3-3)分离出气候波动与人类活动对荆南三口地区水系连通度影响的贡献率。由表3-1可知,在基准期,气候波动(降水、蒸散发)对水系连通度影响的贡献率分别为69.19%、30.81%,表明气候a对水系连通度减少影响较大,降水影响水系连通度减少0.001 3的贡献率为46.46%,蒸散发贡献率为22.72%,人类活动的干预程度较小;在变异期,气候波动(降水、蒸散发)对水系连通度影响的贡献率分别为14.09%、85.91%,表明人类活动对水系连通度减少的影响占绝对优势,降水、蒸散发导致水系连通度减少0.002 8的贡献率为14.09%,人类活动的扰动较强。由此可见,气候变化与人类活动共同作用于水系连通度,但水系连通度发生突变后,人类活动对荆南三口水系连通度的影响起绝对作用,气候变化对水系连通度的影响逐渐减弱。

表 3-1　气候波动与人类活动对荆南三口地区水系连通度影响的贡献率

时段	S_P（%）	S_E（%）	S_D（%）	平均降水量（mm）	平均蒸散发量（mm）	水系连通度均值	降水、蒸散发贡献率（%）	人类活动贡献率（%）
1961～1989 年	2.57	-1.26	5.53	1 293.47	1 182.88	0.017 4	69.19	30.81
1990～2017 年	-3.48	6.49	21.40	1 335.12	1 255.45	0.014 4	14.09	85.91

注：S_P、S_E、S_D 分别为累积降水量、累积蒸散发量和累积水系连通度斜率。

人类活动对荆南三口地区水系连通度影响作用越来越大，这主要与该地区区内外水利工程运行或建设有很大关系。李景保等指出区内外水利工程建设数量在一定程度上深刻影响着水系连通程度，河道断流率随着水利工程建设数量的增多而增多，日均径流量随着水利工程建设数量的增多而减少，这意味着水利工程建设数量与水系连通度之间呈正相关关系。此外，水利工程建设规模对水系结构、日均径流量或月均径流量、输沙量等影响较大，三峡水利工程建设运行导致荆南三口河系水流分沙呈下降趋势，清水下泄使长江中游荆江段河床冲刷较明显，相同水位的三口口门提高，趋向淤积状态，藕池河、虎渡河水系影响严重，说明大型水利工程建设与运行改变水系结构，在一定程度上影响河流水力联系。近 60 年来，荆南三口水系修建了众多规模不一的水利工程，这些综合性、系统性、调节性很强的各种类型水利工程对水系结构产生了重要影响，改变了水系连通性。20 世纪五六十年代，荆南三口水系通过整治河道、堵支并垸、兴建涵闸等水利工程措施改变其水系结构和状况，增强了水系连通度，发挥了排涝作用。20 世纪七八十年代，该地区为了加大农业水利基础设施建设，通过持续性田园化建设、沟渠配套等水利工程措施改变其水系结构和状况，增强河流与河流之间连通，保障农业用水安全。1989 年以来，该水系通过加高加固重点堤防、整治干流河道等水利工程措施改善干流河道的水流连续性，增强水系连通度。21 世纪以来，该水系通过堵支强干、疏浚引水、调水、洪道整治、退田还湖等水利工程措施改善水系结构，增强河湖水系连通度。由此可见，有效改善水系结构的水利工程措施，有利于增强河湖水系连通度。

3.4　小　结

（1）水系连通度评价方法需要综合考虑河道自然属性和社会属性两重属性，本书采用基于河流自然属性、社会属性的水系连通度评价方法，从河段的长度、河段重要程度、过水能力、过水能力指数、平均宽度等指标构建水系连通度函数。

（2）荆南三口地区水系连通度具有显著的阶段性，总体呈显著下降趋势，1989 年为最低，1989 年后呈缓慢增长趋势。各等级河流数量、河长、水面率、河频率、河网密度、河网发育系数、水系分维系数呈现不同程度的递减规律，河网水系中河流的长度、宽度以及过水能力系数呈降低态势，降低幅度存在差异。

（3）荆南三口河系连通度变异的分割点（突变年份）为 1989 年，1956～2017 年水系连通度变化过程分割为两个子系列：1956～1989 年（水系连通变异前）和 1990～2017 年（水系连通变异后）。

（4）水系连通变异前水系连通度呈下降趋势，且变化速率较大，变异后水系连通度呈缓慢递增趋势。变异后人类活动对荆南三口水系连通度变化影响贡献率超过气候变化（降水、蒸散发），是水系连通度的主要驱动因素。

第 4 章　水系连通变异下水资源态势

水系是水资源的重要载体,水系格局及其连通程度制约着水资源分布与配置能力。本章以荆南三口地区 1956 ~ 2017 年月水资源量序列为依据,采用月水资源占年水资源的百分比、年内分配不均匀系数、小波分析、M - K 趋势检验等方法分析水系连通变异前后荆南三口地区水资源时序变化,为揭示水系连通变异对水资源影响以及实施水系连通工程保障水资源安全提供理论依据。

4.1　水系连通变异下水资源时序变化

4.1.1　水资源年内变化规律

4.1.1.1　研究方法

径流年内变化规律不仅影响着水资源的利用率,而且与流域的旱涝灾害情况有着密切的关系。为了能更好地揭示水资源的年内分配规律,可以选择径流不均匀性、径流集中度以及径流的变化幅度等三个方面进行描述和分析。径流年内分配不均匀性主要采用月径流占年径流百分比和年内分配不均匀系数 C_v 来表征。

$$\left.\begin{aligned} C_v &= \sigma/\overline{R} \\ \sigma &= \sqrt{\sum_{i=1}^{n}(R_i-\overline{R})^2} \\ \overline{R} &= \frac{1}{n}\sum_{i=1}^{n}R_i(i=1,2,\cdots,12) \end{aligned}\right\} \tag{4-1}$$

式中: R_i 为年内月水资源量实测值; $\overline{R}$ 为年内水资源量的平均值; i 为月份,取 1 ~ 12。

4.1.1.2　水资源年内变化特点

以 1989 年为界,根据式(4-1)分别计算水系连通变异下荆南三口地区月平均水资源量所占比例,其五站天然水资源量的年内分配见表 4-1。由表 4-1 不难发现:

(1)水系连通变异后 6 ~ 8 月水资源量较变异前增多,1 ~ 5 月、9 ~ 12 月较变异前减少,其中 9 ~ 11 月减小幅度小于 3 ~ 5 月,表明水系连通变异下荆南三口地区水资源量更加集中在夏季,其季度水资源量占年水资源量的比例达到 60% 以上,冬季水资源量越来越少,其 3 个月水资源量占年水资源量的比例低于 0.5%,甚至连续几个月出现断流,意味着研究区水资源年内分配差距拉大,这可能与水系连通度下降有关。

表 4-1　水系连通变异下天然水资源量年内分配百分比统计　　(%)

时段	月份												站名
	1	2	3	4	5	6	7	8	9	10	11	12	
1956～1989 年	0.30	0.17	0.44	2.06	6.28	11.88	22.04	19.41	18.89	12.42	4.86	1.25	新江口
1990～2017 年	0.22	0.18	0.33	1.54	6.01	13.01	26.37	22.06	17.61	8.68	3.46	0.53	
1956～1989 年	0.07	0.04	0.12	0.88	4.65	11.37	25.71	21.95	20.78	11.34	2.74	0.35	沙道观
1990～2017 年	0	0	0.01	0.21	2.26	10.91	34.32	26.96	18.93	5.50	0.89	0.01	
1956～1989 年	0.21	0.09	0.34	1.83	6.40	12.57	22.48	20.02	18.99	11.99	4.12	0.96	弥陀寺
1990～2017 年	0	0	0.01	0.73	5.05	13.21	28.14	24.35	18.56	7.84	2.04	0.07	
1956～1989 年	0.05	0.01	0.12	0.80	4.57	10.63	26.64	22.49	20.65	10.89	2.68	0.47	管家铺
1990～2017 年	0	0	0	0.30	3.34	11.68	33.24	27.27	17.39	5.66	0.98	0.14	
1956～1989 年	0	0	0	0.04	1.64	7.07	35.76	26.90	22.20	6.20	0.19	0	康家岗
1990～2017 年	0	0	0	0	0.48	7.37	40.98	32.28	17.18	1.58	0.13	0	

(2)水系连通变异后该地区在 1～2 月水资源量所占比例出现了零值,说明该区域出现了断流现象,且断流天数呈增加趋势,水系连通变异导致河流连续性受阻,水资源会出现短缺,进而影响水资源安全。由此认为,水系连通变异下荆南三口地区水资源年内分配极不平衡,大多集中在夏季,冬季断流时常出现且断流时间长。

为了能较直观地观察水资源季节变化情况,采用水资源年内分配不均匀系数来反映水资源的年内分配状况,其计算结果见表 4-2。

由表 4-2 可以得出,荆南三口五站水资源量年内分配是不均匀的,无论是水系连通变异前还是变异后水资源量的年内分配不均匀系数均表现出不均衡的变化规律,但水系连通变异后水资源量年内分配不均匀系数的平均值高于变异前,说明水系连通变异后水资源量年内分配差距较大,有的月份水资源量丰富,有的月份水资源量稀少,意味着水资源量变化程度激烈,容易造成旱涝灾害。

综上所述,水系连通变异下荆南三口水资源年内分配极不均匀,夏季水资源量更丰富,冬季水资源量更匮乏,水资源年内分配有两极化倾向。

4.1.2　水资源周期变化分析

4.1.2.1　水资源周期变化研究方法

小波(Wavelet)分析常用于研究时间系列震荡周期的一种统计方法,它主要通过伸缩平移的运算逐步进行多尺度细化信号(函数),使时间(空间)频率达到高频处时间细分和低频处频率细分,最终实现分析自动适应时频信号。小波分析的关键是小波函数的选择,目前被广泛采用的小波函数有 Meyer 小波、Morlet 小波、Mexican hatHat(mexh)小波、Haar 小波、Daubechies(dbN)小波等。选择小波函数是 Wavelet 分析方法在实际应用过程中的一个难点问题,也是众多研究者使用Wavelet分析方法展开科学研究的一个热点问题。

表 4-2　荆南三口地区水资源量年内分配不均匀系数统计(1956～2017 年)

年份	水资源量年内分配不均匀系数 C_v					年份	水资源量年内分配不均匀系数 C_v				
	新江口	沙道观	弥陀寺	管家铺	康家岗		新江口	沙道观	弥陀寺	管家铺	康家岗
1956	3.43	3.58	3.52	3.84	4.85	1990	3.29	3.93	3.72	4.35	6.09
1957	3.40	3.78	3.46	4.15	6.63	1991	4.11	5.05	4.54	5.46	6.75
1958	3.63	4.10	3.89	4.14	6.04	1992	3.53	4.69	4.07	5.53	7.88
1959	3.14	3.81	3.42	4.06	7.85	1993	4.30	5.38	4.63	5.56	6.34
1960	3.55	4.24	3.73	4.28	5.27	1994	3.55	4.91	4.21	4.46	6.33
1961	3.06	3.78	3.04	3.75	6.27	1995	3.81	4.78	4.32	5.04	6.32
1962	3.44	4.12	3.40	4.05	5.58	1996	4.02	5.53	4.40	5.52	6.71
1963	3.09	3.54	3.07	3.54	4.59	1997	4.40	7.19	4.72	6.41	9.05
1964	3.04	3.52	3.00	3.52	4.63	1998	4.90	5.96	4.96	5.80	6.39
1965	3.26	3.82	3.25	3.87	4.99	1999	4.12	5.58	4.20	5.79	6.63
1966	3.57	4.24	3.60	4.39	6.01	2000	3.90	4.58	4.09	4.68	5.43
1967	2.66	3.37	2.75	3.57	4.53	2001	3.68	4.64	3.97	4.32	5.21
1968	3.20	3.96	3.17	4.28	5.61	2002	4.17	5.86	4.57	5.30	6.34
1969	3.61	4.45	3.57	4.67	6.79	2003	4.25	5.30	4.58	5.29	6.30
1970	3.12	3.75	3.09	3.76	5.44	2004	3.51	4.56	3.80	4.51	5.46
1971	3.05	3.55	3.07	3.78	5.10	2005	3.75	4.80	3.45	4.55	5.34
1972	3.14	3.68	3.18	4.29	6.82	2006	4.05	8.70	4.86	6.89	11.49
1973	3.40	3.90	3.43	4.00	5.14	2007	4.19	5.32	4.53	5.16	5.54
1974	3.62	4.31	3.71	4.78	5.51	2008	3.54	5.00	3.83	4.51	6.04
1975	3.00	3.55	3.09	3.72	4.53	2009	4.43	6.19	4.86	5.41	7.64
1976	3.38	4.42	3.54	5.54	9.34	2010	4.36	5.57	4.80	5.14	6.26
1977	2.78	3.60	3.21	4.32	6.25	2011	3.73	5.28	4.44	5.34	6.01
1978	3.48	4.37	3.74	4.65	5.87	2012	4.13	5.54	4.61	4.92	7.02
1979	4.10	5.21	4.36	5.60	8.10	2013	4.31	6.27	4.96	5.13	7.98
1980	3.60	4.34	3.88	4.58	5.55	2014	3.69	5.31	4.09	4.45	5.98
1981	4.04	5.09	4.26	5.24	6.27	2015	3.13	4.54	3.68	4.36	7.45
1982	3.63	4.46	3.91	4.67	5.21	2016	3.55	5.56	4.72	5.03	6.89
1983	3.54	4.30	3.84	4.62	5.56	2017	3.38	5.03	3.96	4.53	6.13
1984	3.85	4.73	4.24	4.98	6.54						
1985	3.42	4.51	3.83	4.76	6.64						
1986	3.72	4.91	4.24	5.35	7.75						
1987	4.20	5.24	4.60	5.34	6.52						
1988	4.02	5.09	4.36	5.55	7.58						
1989	3.24	4.14	3.55	4.38	6.16						
均值	3.42	4.16	3.59	4.41	6.04	均值	3.94	5.41	4.36	5.14	6.70

至今,主要有两种有效的方式来选择小波函数:一是经验或试验,二是研究目标的分布形态,即选择与待研究系列的形态相近或相似的小波函数。由于水文时间序列在时域变化过程中呈现出多层次时间尺度特性以及局部性结构,且水文时间变化过程波峰与波谷形态与 Morlet 小波形态相似,因此 Morlet 小波在水文时间系列周期变化识别中应用广泛。

Morlet 是复数小波,是高斯包络下单频率复正弦函数,其基本表达式如下:

$$\Psi(t) = \exp(iw_0 t)\exp(-t^2/2) \tag{4-2}$$

小波基函数经伸缩和平移后可得:

$$\Psi_{a,b}(t) = |a|^{-1/2}\Psi(\frac{t-a}{a}) \qquad a,b \in R, a \neq 0 \tag{4-3}$$

式中:$\Psi_{a,b}(t)$ 为连续小波或分析小波函数;a 为尺度收缩因子,反映小波在尺度上的周期长度;b 为时间平移因子,反映小波在时间上的平移距离。

对于能量有限的系列 $f(t) \in L^2(R)$,其小波变换形式如下:

$$W_f(a,b) = |a|^{-1/2}\Delta t\sum_{k=1}^{N} f(k\Delta t)\overline{\Psi}(\frac{k\Delta t - b}{a}) \tag{4-4}$$

式中:$W_f(a,b)$ 为小波系数,随参数 a,b 变化而变化,能同时反映出频域参数 a 和时域参数 b 的特性;$\Psi_{a,b}(t)$ 为连续小波函数,内积运算;a,b,t 为连续变量,分别为尺度收缩因子、时间平移因子和时间;Δt 为取样时间间隔;N 为样本容量;$\overline{\Psi}(t)$ 为 $\Psi(t)$ 的复共轭。

小波方差 $Var(a)$ 是通过小波变化系数 $W_f(a,b)$ 的平方值在 b 域上积分可得,其计算公式如下:

$$Var(a) = \int_{-\infty}^{+\infty} |W_f(a,b)|^2 \mathrm{d}b \tag{4-5}$$

小波方差图用于表示小波方差随尺度 a 变化过程线,纵坐标为小波方差,横坐标为时间尺度 a,能有效反映水资源时间序列波动能量和强度随时间尺度 a 的分布情况,可以通过该图确定水资源演化过程中存在的主周期。

4.1.2.2　变异下水资源周期变化分析

对水系连通变异前后荆南三口水资源系列进行 Morlet 小波变换,根据式(4-4),经过计算可以得到水系连通变异前后荆南三口地区不同时间尺度 a 域下小波系数。以时间尺度为纵坐标,时间(年份)为横坐标,得到水系连通变异前后小波系数实部等值线图(见图 4-1),图中等值曲线为实线,代表小波系数实部值为正数,表示水资源偏丰;等值曲线为虚线,代表小波系数实部值为负数,表示水资源偏枯;图中颜色明暗反映小波系数实部值的大小,说明水资源的丰枯程度,若图中颜色越暗,代表小波系数实部值越小,意味着水资源偏枯,反之,颜色越亮则水资源偏丰。

图 4-1 清晰地显示水系连通变异下荆南三口水资源总量在小波变化域中能量波动特性或分布情况,水系连通度基准期在该地区水资源变化过程主要存在 3 ~ 6 a、7 ~ 18 a、22 ~ 32 a 3 类尺度的周期变化规律,其周期中心分别出现在 5 a、10 a、28 a。从较大尺度 22 ~ 32 a 来分析,水资源系列变化出现了丰枯交替较为清晰的准 2 次振荡;在 7 ~ 18 a 的时间尺度上,水资源出现准 4 次振荡;在较小时间尺度 3 ~ 6 a 上,水资源在周期中心 5 a 上下存在丰枯交替变化规律。而水系连通变异下研究区水资源变化过程主要存在 3 ~ 6

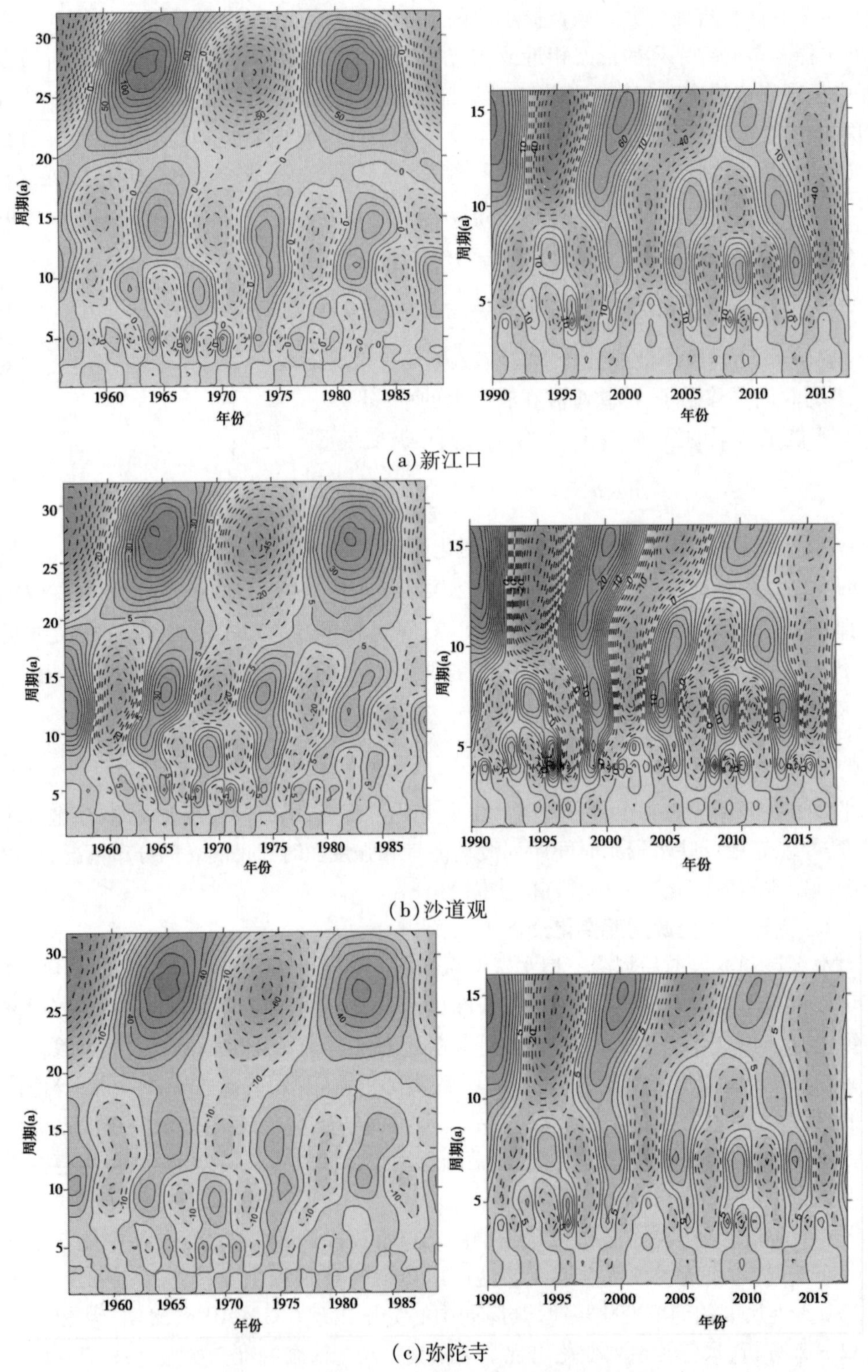

(a)新江口

(b)沙道观

(c)弥陀寺

图 4-1 荆南三口地区水资源量小波分析等值线图

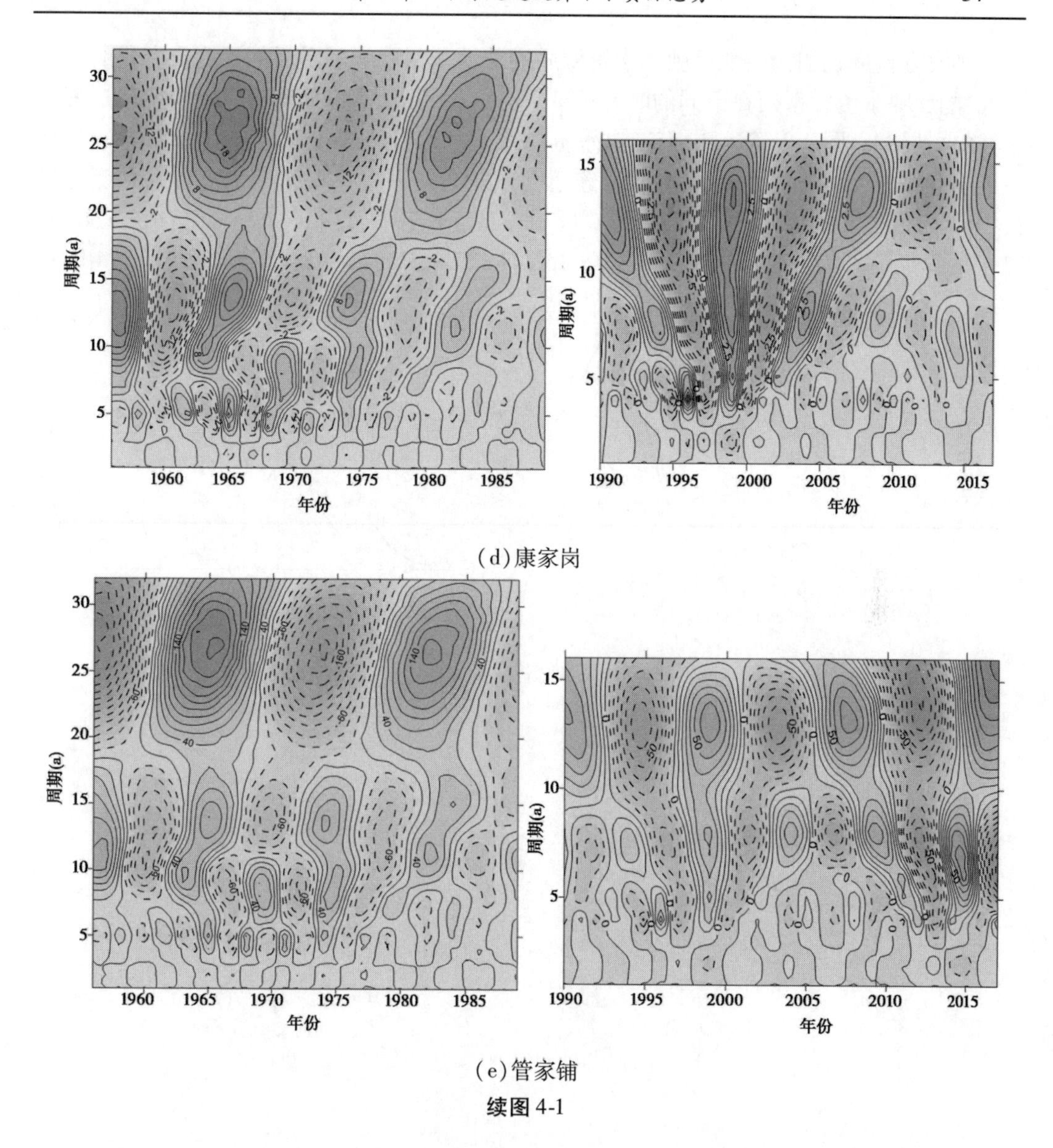

(d)康家岗

(e)管家铺

续图4-1

a、7～8 a、9～12 a、13～16 a 4类尺度的周期变化规律，其周期中心分别出现在4 a、7 a、9 a、15 a；从较大尺度13～16 a来分析，水资源系列变化出现了丰枯交替较为清晰的准3次振荡；在9～12 a的时间尺度上，水资源出现准4次振荡；在7～8 a的时间尺度上，水资源出现准5次振荡；在较小时间尺度3～6 a上，水资源在周期中心4 a上下存在丰枯交替变化规律，存在准9次振荡。

总体而言，从水资源周期变化规律上看，从时间尺度的跨度上来看，无论是较大尺度还是中尺度，水系连通变异后水资源周期变化的时间尺度范围缩小，时间缩短；从相同时间尺度丰枯交替变化振荡次数来看，变异后3～6 a的时间尺度上水资源出现准振荡次数比基准期多1次。由此认为，水系连通变异下水资源发生丰枯交替变化的概率增加，说明荆南三口水资源出现旱涝的概率会上升。

小波方差变化图清晰地反映了水资源序列波动能量和强度随时间尺度 a 变化的分布情况,能反映水资源系列在不同的时间尺度下方差值的大小,进而确定水资源变化过程中存在的主周期。图 4-2 显示,荆南三口水资源系列的小波方差变化图中在水系连通变异前后均存在 3 个较为明显的周期,水系连通度未变异期荆南三口诸河水资源系列变化过程中的主周期分别为 5 a、10 a、28 a,5 a、11 a、27 a,5 a、10 a、28 a,5 a、14 a、26 a,5 a、10 a、27 a,变异后分别为 4 a、7 a、15 a,4 a、7 a、15 a,4 a、7 a、15 a,3 a、8 a、13 a,3 a、7 a、14 a,水

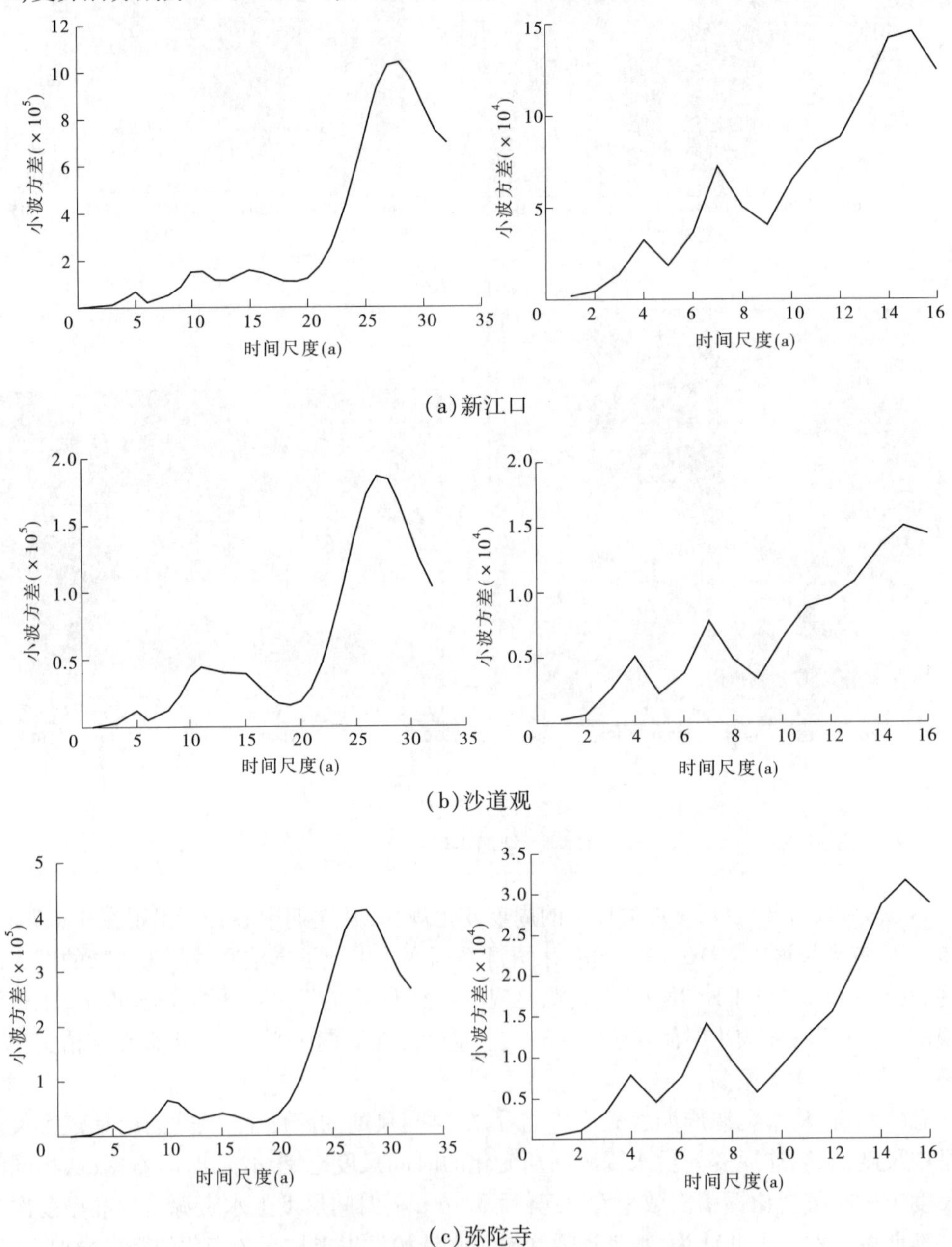

图 4-2　水系连通变异下水资源系列小波方差变化

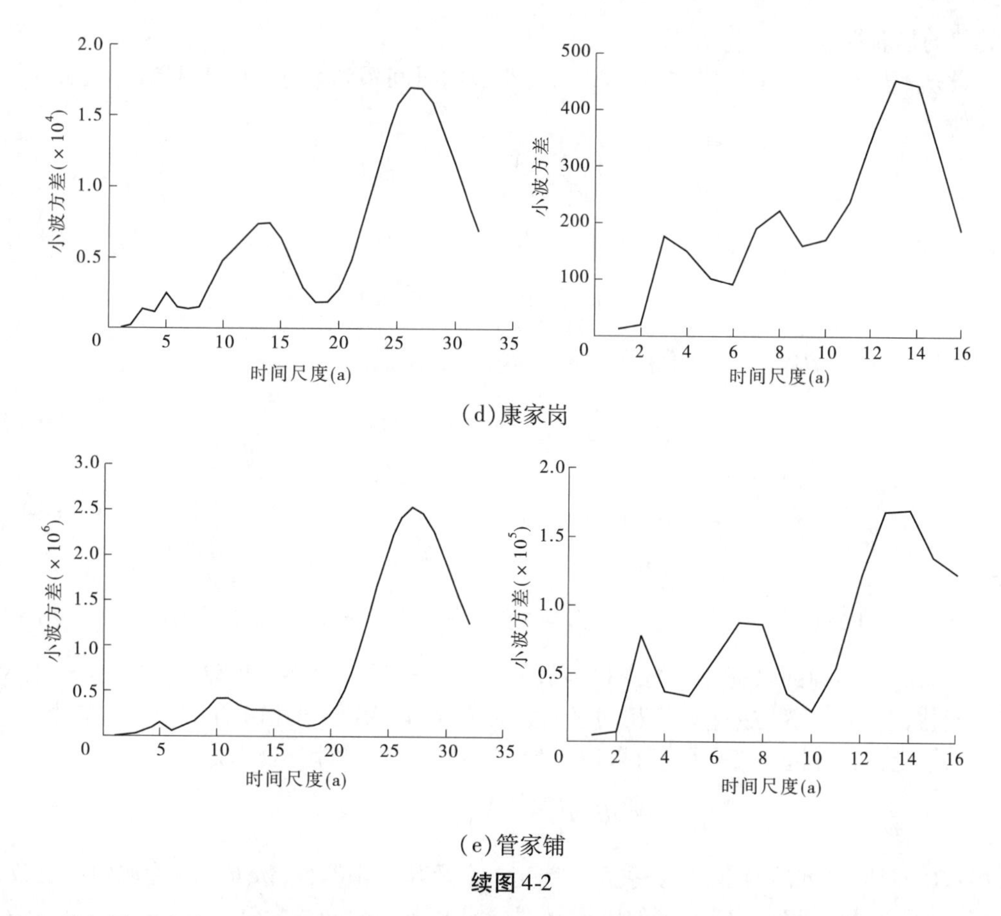

(d)康家岗

(e)管家铺

续图 4-2

系连通变异下水资源变化过程的第一主周期、第二主周期、第三主周期的时间尺度均呈现减小的趋势，说明水系连通变异使最强周期振荡时间尺度由 28 a 减小为 15 a，这意味着水资源变化更加激烈，容易出现丰枯交替变化。

综上所述，水系连通变异下荆南三口水资源量周期变化时间尺度变小、主周期时间缩短，相同时间尺度丰枯交替变化振荡次数增多。

4.1.3　水资源趋势变化检验

4.1.3.1　水资源趋势变化研究方法

在水文时间系列趋势变化过程研究中，M－K 趋势检验法是被普遍认为检验效果好、可信度高的一种非参数检验工具，受到了众多地理、水利、气象研究者或专家的广泛关注。该方法具有检测范围广、不受异常值影响、样本不需要满足一定分布规律等优势，更加适合于有异常值存在的时间序列的趋势变化检测。M－K 趋势检验法与各要素时间系列数据实际值无直接关系，主要与时间系列数据的秩和时序相关。此方法主要是通过统计检验 Z 值的正负来定量判断时间序列的增减趋势，通过比较 Z 值绝对值与给定置信水平临界值来定量判断时间系列数据变化趋势的显著性，再通过倾斜度 β 值的大小来定量判断时间系列数据变化趋势程度。因此，本书采用非参数的 M－K 检验法和 Sen's slope 法对荆南三口地区 1956～2017 年水资源时间序列进行趋势检验，定量反映出该区域水资源变化趋势的显著性。

设 H_0 为 n 个独立随机样本 $x_1, x_2, \cdots, x_n$ 组成的时间系列数据，M－K 趋势检验法计算公式如下：

$$Z_c = \begin{cases} \dfrac{S-1}{\sqrt{Var(S)}}, & S > 0 \\ 0, & S = 0 \\ \dfrac{S+1}{\sqrt{Var(S)}}, & S < 0 \end{cases} \tag{4-6}$$

式中：Z_c 为统计检验值；S 为检验统计量，一般为整数。

$$S = \sum_{i=1}^{n-1} \sum_{k=i+1}^{n} \text{sign}(x_k - x_i) \tag{4-7}$$

$$\text{sign}(\theta) = \begin{cases} 1, & \theta > 0 \\ 0, & \theta = 0 \\ -1, & \theta < 0 \end{cases} \tag{4-8}$$

$$Var(S) = [n(n-1)(2n+5) - \sum_{i=1}^{m} t_i(t_i - 1)(2t_i + 5)]/18 \tag{4-9}$$

式中：x_k、x_i 为连续的水资源数据序列，$k, i \leqslant n$ 且 $k \neq i$；n 为数据序列总长度；sign( ) 为符号函数；$Var(S)$ 为方差；m 为相同序列值的组数；t_i 为第 i 组相同序列值数据的个数。

为了定量衡量趋势变化强度，采用了 Sen's slope 法，其计算公式为：

$$\beta = Median\left(\frac{x_i - x_j}{i - j}\right), \quad \forall j < i \tag{4-10}$$

式中：β 为时间系列的斜率，代表系列平均变化率及其变化趋势；$Median$( ) 为取中值函数；x_i、x_j 分别为第 i 时刻、第 j 时刻的序列值，$1 < j < i < n$。

M－K 趋势检验法通过双边趋势检验方式，即在给定显著水平 α 下，若 $|Z_c| > Z_{1-\alpha/2}$ 时，拒绝 H_0 假设；若 $|Z_c| \leqslant Z_{1-\alpha/2}$ 时，接受 H_0 假设。

4.1.3.2 水系连通变异下水资源趋势变化分析

根据荆南三口河系 1956～2017 年各流域年水资源量系列数据，运用趋势线分析该区域水资源的趋势变化情况，见图 4-3。总体上来看，水系连通变异前后荆南三口河系水资源均呈下降趋势，由线性回归统计可以得出，松滋河西支水资源年均线性递减率约为 2.45 亿 m^3/a，水资源年际分布不均匀，年水资源量最大值为 426.9 亿 m^3，最小值为 84.12 亿 m^3，鲜有水资源量极端值出现。为了便于检验水系连通变异下逐年水资源变化过程趋势性，利用 M－K 趋势检验法分析法和 Sen's slope 斜率估计值来衡量。由表 4-3 可知，水系连通度基准期该地区水资源基本通过 99% 可信度，说明无变异期水资源呈显著下降趋势；变异期荆南三口地区水资源基本通过 90% 可信度检验，表明变异期水资源呈明显下降趋势。从 Sen's slope 斜率估计值 β 来看，水系连通变异下水资源下降程度各有不同，存在差异，变异可能使水资源下降程度超过基准期，如松滋河西支、虎渡河，也有可能使水资源下降程度小于基准期，如松滋河东支，表明水系连通变异对荆南三口地区水资源趋势变化的影响程度较为复杂。

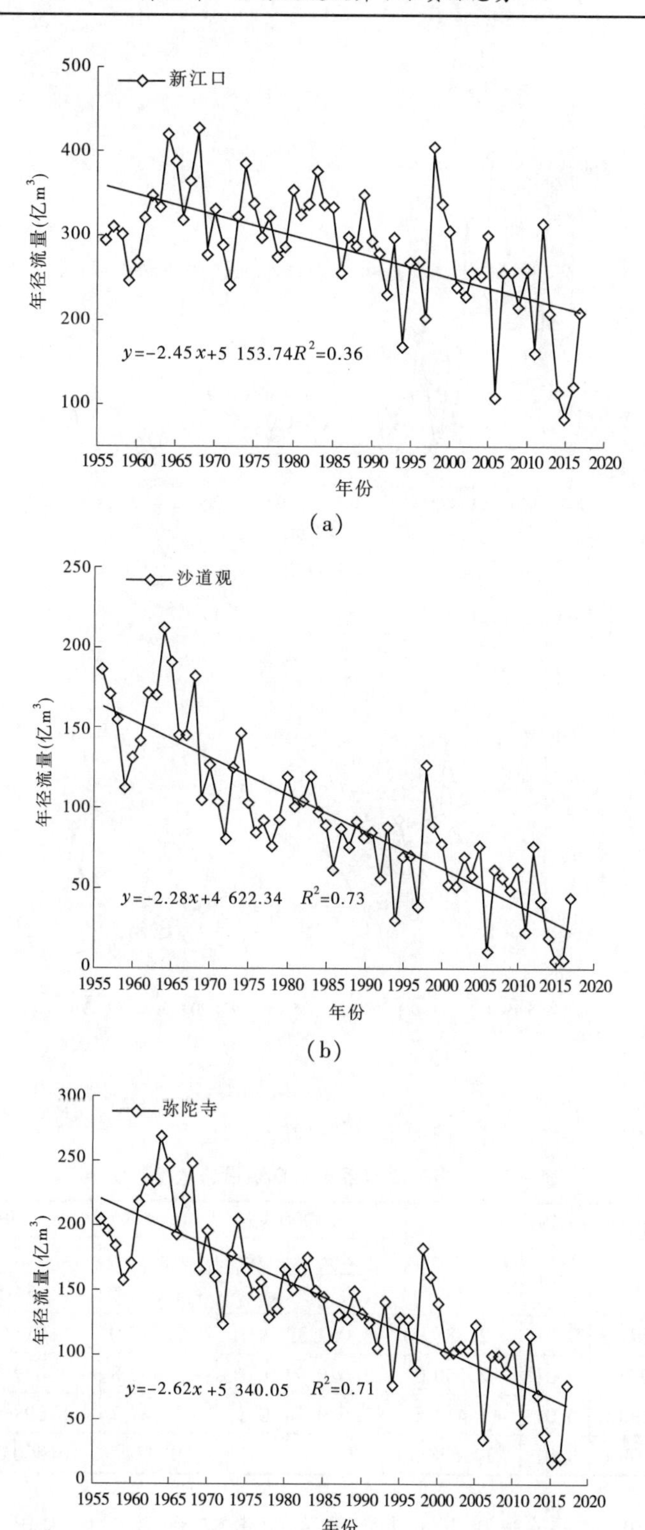

图4-3　1956～2017年荆南三口河系水资源总体变化趋势

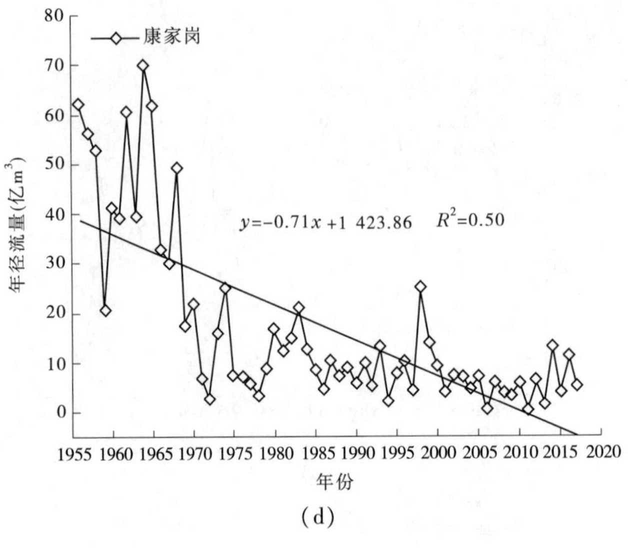

(d)

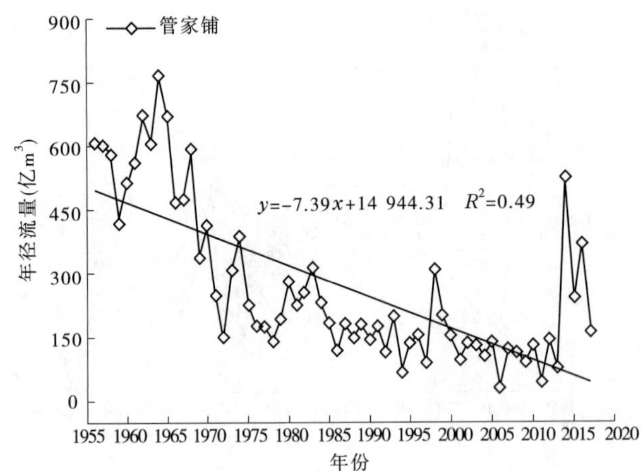

(e)

续图 4-3

表 4-3　荆南三口河系年水资源量趋势检验结果

河流	1956～1989 年			1990～2017 年			1956～2017 年		
	Z	α	β	Z	α	β	Z	α	β
松滋河西支	0.385 4		0.333 3	-2.410 3	0.05	-4.014 5	-4.634 5	0.01	-2.253 3
松滋河东支	-4.699 3	0.01	-2.888 9	-3.062 3	0.01	-1.847 0	-8.011 7	0.01	-2.234 7
虎渡河	-4.076 7	0.01	-2.640 0	-3.615 4	0.01	-2.962 8	-7.829 5	0.01	-2.543 4
藕池河西支	-4.388 0	0.01	-1.414 5	-1.679 3	0.1	-0.147 7	-6.098 4	0.01	-0.471 4
藕池河东支	-5.099 6	0.01	-14.638 5	0		0.07	-6.420 3	0.01	-6.890 9

由图 4-3 可知，水系连通度基准期年水资源量较大，该时段内年平均水资源量为 322.28 亿 m³，存在丰枯交替现象；水系连通变异期年水资源量显著递减，其平均值为 237.17 亿 m³，出现一次较大值两次较小值，波动幅度较大，与该时期水系连通变异影响

有关。松滋河东支水资源年均线性递减率约为 2.28 亿 m^3/a,水资源年际分布不均匀,年水资源量最大值为 211.8 亿 m^3,最小值为 4.42 亿 m^3,水资源量减少显著,基准期年水资源量较大,该时段内年平均水资源量为 123.40 亿 m^3,存在丰枯交替现象;变异期年水资源量显著递减,其平均值为 55.97 亿 m^3,出现极小值且丰枯交替现象明显,水系连通变异使水资源量明显减少,容易出现枯水年。虎渡河年水资源变化趋势与松滋河东支的情势变化基本一致,只是水资源量稍多一些。藕池河西支水资源年均线性递减率仅为 0.71 亿 m^3/a,但该河系年水资源量最大值仅为 70.01 亿 m^3,小于荆南三口其他河流水系连通变异后的年平均值,造成了藕池河西支很多月份出现断流现象,其断流时间达到 267 d 左右。藕池河东支水资源年均线性递减率约为 7.39 亿 m^3/a,水资源年际分布不均匀,年水资源量最大值为 766.9 亿 m^3,最小值为 28.65 亿 m^3,水资源量极端值相差较大,容易出现旱涝灾害,基准期年水资源量较大,递减明显,该时段内年平均水资源量为 364.61 亿 m^3,存在丰枯交替现象;变异期年水资源量递减率低于基准期,水资源年平均值为 156.29 亿 m^3,出现一次较大值两次较小值,波动幅度较大,容易造成旱涝灾害。由此可见,水系连通变异下荆南三口水资源量年均线性递减率减小,年平均值降低,但出现极端水资源量的概率变大,水资源趋势变化程度复杂。

总体来说,荆南三口河系水系连通变异前后与整个时期年水资源量呈显著减少趋势,显著性水平大多都在 0.01 上,水系连通变异前年水资源量减少趋势大致上均迅速,而水系连通变异后减少趋势基本上比较平缓。

为了进一步了解荆南三口河系五河水资源量的减少趋势过程,本书再次采用 M－K 趋势检验法对五河不同水情时期的水资源量趋势变化情况做进一步探讨。荆南三口河系属于亚热带季风气候类型,夏季雨量充沛,冬季雨量偏少,加之长江中上游水库群调控的影响,使荆南三口河系表现出明显的水情特征,具有显著的季节性,11 月至翌年 4 月为荆南三口河系的枯水期,最小值出现在 1 月左右,5～10 月为汛期,峰值出现在 7 月,汛期的水资源量近似于年平均水资源量。五河 2 个时期(枯水期、汛期)水资源量变化趋势的 M－K 趋势检验结果见表 4-4。

表 4-4　荆南三口河系不同水情时期水资源量 M－K 趋势检验结果

河流	水情时期	1956～1989 年			1990～2017 年			1956～2017 年		
		Z	α	β	Z	α	β	Z	α	β
松滋河西支	枯水期	-3.468 9	0.01	-0.545 2	0.770 5		0.167 6	-5.065 8	0.01	-0.387 9
	汛期	1.334 2		0.933 3	-1.916 4	0.1	-2.058 2	-3.486 5	0.01	-1.244 4
松滋河东支	枯水期	-5.900 1	0.01	-0.353 5	-0.276 6		-0.001 7	-6.790 8	0.01	-0.130 6
	汛期	-4.447 3	0.01	-2.503 8	-2.272 0	0.01	-1.214 0	-7.616 9	0.01	-1.845 7
虎渡河	枯水期	-4.595 6	0.01	-0.693 0	0.493 9		0.030 7	-6.037 6	0.01	-0.280 0
	汛期	-3.765 4	0.01	-2.009 0	-3.338 9	0.01	-2.261 3	-7.495 4	0.01	-2.002 1
藕池河西支	枯水期	-2.520 2	0.01	0	-0.098 8		0	-2.040 9	0.01	0
	汛期	-4.388 0	0.01	-1.396 4	-3.141 3	0.01	-0.247 8	-6.851 6	0.01	-0.495 3
藕池河东支	枯水期	-5.396 1	0.01	-1.080 5	-0.256 8		-0.002 6	-6.304 9	0.01	-0.244 0
	汛期	-5.099 6	0.01	-13.555 5	-2.390 5	0.01	-2.436 5	-7.872 0	0.01	-7.053 1

从表4-4中可以看出,荆南三口河系在水系连通变异前后枯水期、汛期的水资源量均呈显著减少趋势,达到了0.01的显著性水平,除藕池河东支汛期外,其余河系枯水期、汛期的减少程度均低于整年的水平,藕池河西支枯水期Sen's slope斜率估计值为0,主要是受该河系许多年份枯水期水资源匮乏的影响。从水情时期上来分析,无论是水系连通前还是水系连通后,除松滋河西支外其余的四河汛期的减少程度毫无例外地高于枯水期,说明汛期的趋势变化要比枯水期激烈、复杂,其主要原因表现在两个方面:一是汛期的雨量充沛,水资源量基数大;二是人类活动干预强。针对松滋河西支,1956~1989年汛期的水资源量在270亿m^3上下波动,最大值342.43亿m^3,最小值192.63亿m^3,均值970.92亿m^3,说明水系连通变异前松滋河西支汛期水资源量变化趋势不明显,Z值为1.334 2未达到一定的显著水平,从M-K趋势检验结果上也证明了松滋河西支汛期水资源量在1956~1989年研究时段无显著增加趋势。

对比水系连通变异前后各河系枯水期、汛期水资源量M-K趋势检验值和斜率值可以得出,荆南三口五河枯水期水资源量减少趋势在水系连通变异后统统变为不显著变化趋势,松滋河西支无显著增加趋势,松滋河东支、虎渡河、藕池河西支、藕池河东支均为无显著减少趋势,未达到一定的显著性水平,水系连通变异后枯水期水资源量减小趋势均较平缓,甚至有很多河系此时期的水资源量接近0[见图4-4(c)、(g)、(i)];除了藕池河东支,

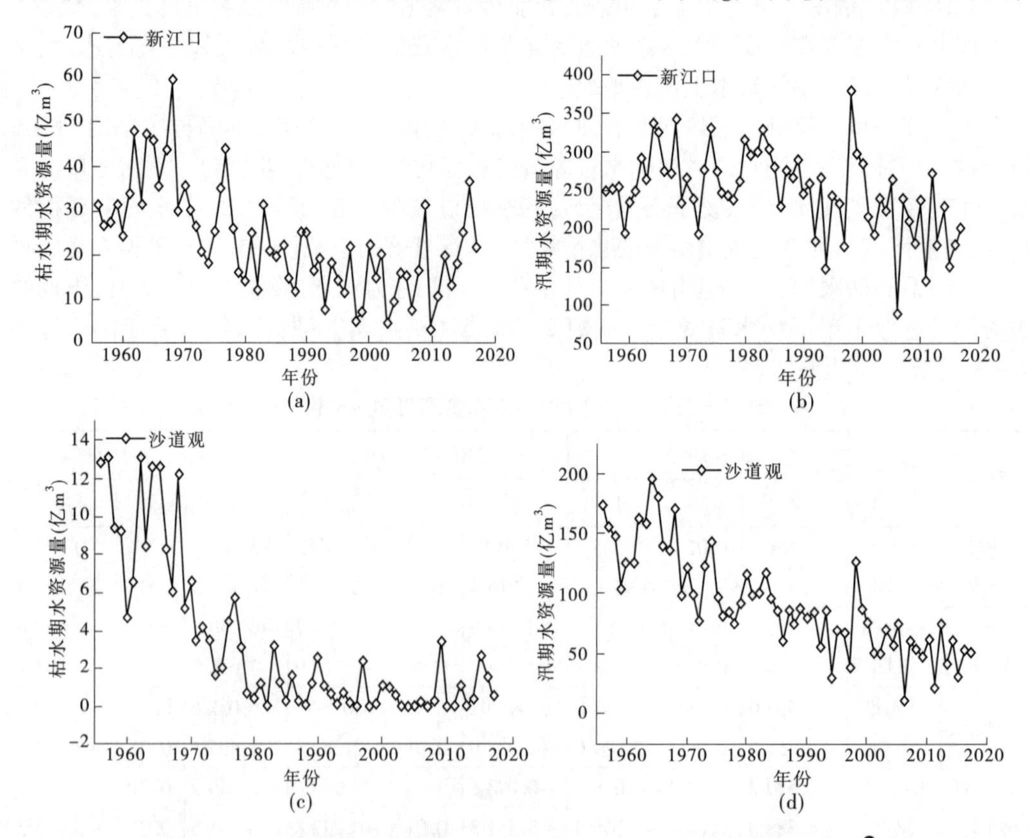

图4-4 水系连通变异前后荆南三口河系枯水期、汛期水资源变化过程[1]

[1] 图4-4中,(a)、(c)、(e)、(g)、(i)代表枯水期水资源变化趋势,(b)、(d)、(f)、(h)、(j)代表汛期水资源变化趋势。

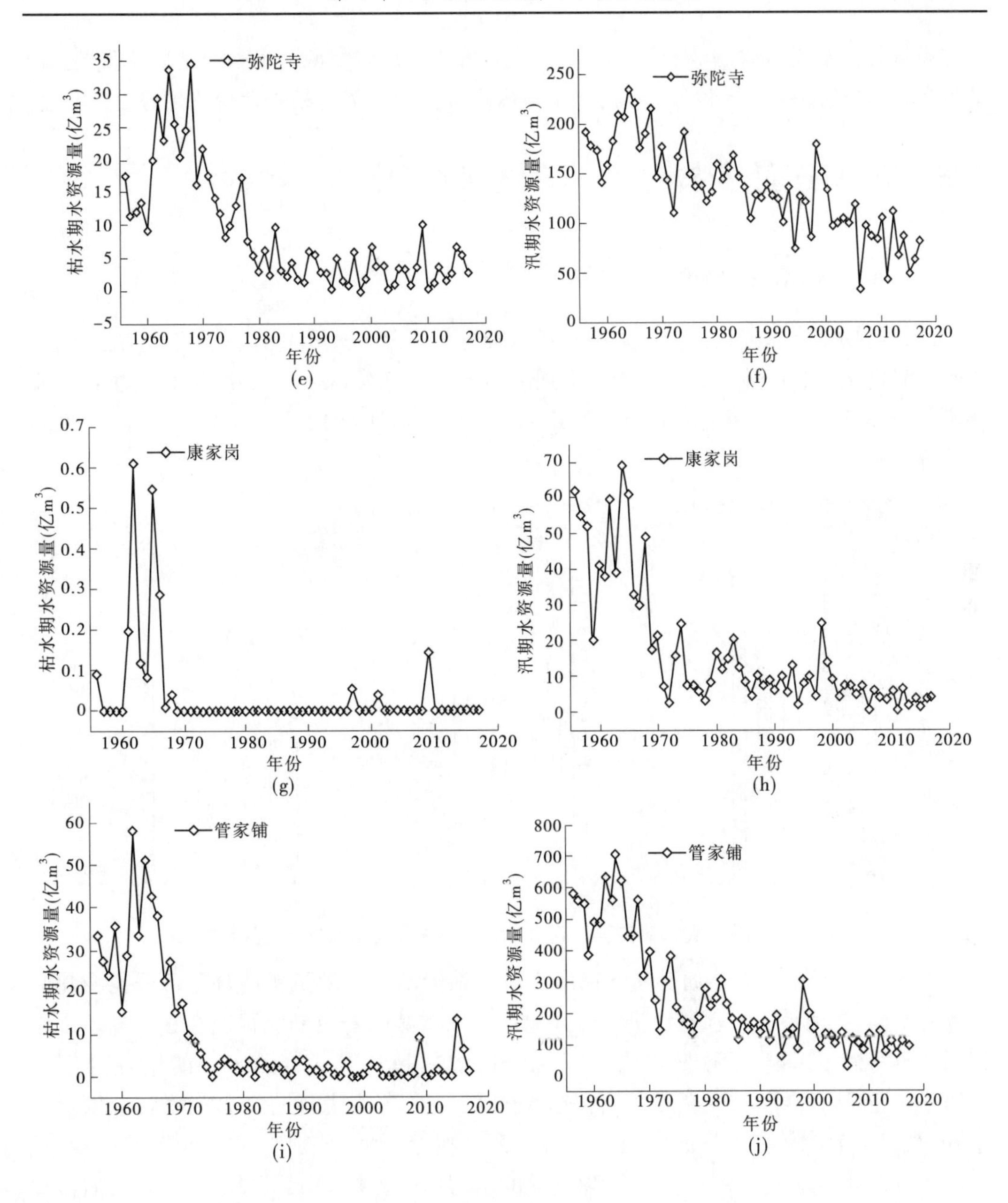

续图 4-4

其余四河汛期水资源量显著减少程度在水系连通变异后都在增强,虎渡河显著减少程度最强,藕池河西支、松滋河东支其次,松滋河西支最小。松滋河西支汛期水资源量由 1956 ~ 1989 年无显著增加趋势变为 1990 ~ 2017 年显著减少趋势,达到 90% 的显著水平,Sen's slope 斜率估计值为 -2.06,汛期水资源量出现了 1 次最小值(2006 年)、2 次次小值、1 次最大值(1998 年),丰枯变化交替进行,总趋势以下降为主[见图 4-4(b)]。

简而言之,水系连通变异下荆南三口河系枯水期水资源量无显著减少趋势,但枯水期水资源量普遍偏少,甚至有些年份枯水期出现断流现象;水系连通变异下荆南三口河系汛期水资源量呈显著减少趋势，且减少程度较高，说明汛期水资源量丰枯变化现象明显。由此推断，水系连通变异下荆南三口河系汛期水资源变化趋势比枯水期变化趋势更加显著。

4.2 水系连通变异下水资源空间变化

4.2.1 水资源年内分配空间差异

前述已揭示水系连通变异下荆南三口水资源年内分配极不平衡，大多集中在夏季，冬季断流时常出现且断流时间长。为了更加清晰地展示水资源主要集中的月份，关注水资源两个极端值，对比分析荆南三口五站 6～8 月、6～10 月及 12 月至翌年 2 月水资源量，具体详见图 4-5。

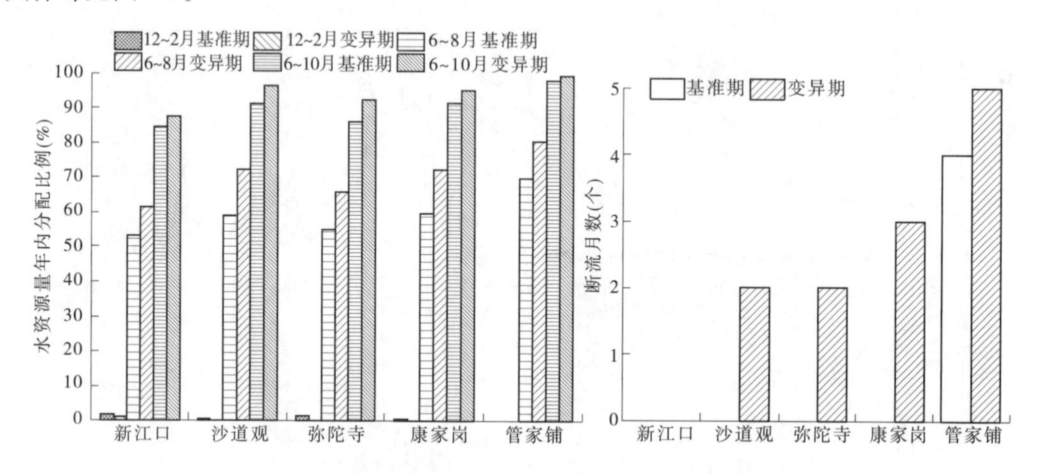

图 4-5　荆南三口河系变异前后水资源量年内分配比例与断流月数对比

由图 4-5 可知，水系连通变异下荆南三口五站天然水资源量年内分配百分比变化幅度各有不同，各河系各月水资源量年内分配百分比增减趋势及断流情况存在差异。水系连通变异后新江口水资源量年内分配百分比增减趋势较小，6～8 月的增幅分别为 1.13%、4.33%、2.65%，其余四站增幅在 5% 以上，沙道观、弥陀寺 7 月的增幅分别达到了 6.6%、8.61%；9～11 月的降幅新江口 3 个月相差不大，分别为 -1.28%、-3.74%、-1.4%，也与沙道观的 9 月、11 月，弥陀寺的 11 月，管家铺的 11 月降幅差不多，但沙道观、弥陀寺、管家铺、康家岗四站 9～11 月的降幅相差大，最大为 -5.84%，最小为 -0.06%；水系连通变异下新江口未出现断流，沙道观、弥陀寺从无断流到 2 个月断流，管家铺从无断流到 3 个月断流，管家铺从 4 个月断流到 5 个月断流。可见，水系连通变异下天然水资源量年内分配不均匀性更加激烈，新江口 6～10 月 5 个月水资源量占全年水资源量的比例由84.64%上升至87.73%，沙道观、弥陀寺、管家铺、康家岗分别由 91.15%、86.05%、91.3%、98.13%上升至 96.62%、92.1%、95.24%、99.39%，至此，水系连通变异下康家岗水资源量越来越集中在少数几个月，断流天数越来越长，将不利于水资源可持续利用。

由表4-2可知,水系连通变异前后荆南三口五站水资源量多年平均年内分配不均匀系数大小排序变化不大,变异前由小到大排序为新江口、弥陀寺、沙道观、管家铺、康家岗,C_v 值依次为3.42、3.59、4.16、4.41、6.04,变异后为新江口、弥陀寺、管家铺、沙道观、康家岗,C_v 值依次为3.94、4.36、5.14、5.41、6.70。从 C_v 值的变化幅度来看,水系连通变异下沙道观水资源量多年平均年内分配不均匀系数增长1.25,增幅30.05%;其次为弥陀寺、管家铺;增幅最小为新江口、康家岗,分别增长15.20%、10.93%。观察表4-2不难发现,变异后康家岗、沙道观水资源量年内分配不均匀系数起伏大于变异前,康家岗比沙道观更激烈;新江口、弥陀寺总体起伏变化不大,C_v 值在3.5上下波动,水系连通变异下上下振幅稍大。由此认为,水系连通变异在一定程度上影响荆南三口地区水资源空间分布,加剧了降水在空间分布上的不均匀性。

4.2.2　水资源周期变化空间差异

从水资源周期变化角度分析空间变化特征,由表4-2(a)可知,清晰地显示水系连通变异下松滋河西支水资源总量周期变化尺度范围由基准期的3~6 a、7~18 a、22~32 a 3类尺度的周期变化缩小至变异后3~6 a、7~8 a、9~12 a、13~16 a 4类尺度,周期中心由5 a、10 a、28 a缩小为4 a、7 a、9 a、15 a。从图4-1(b)、(c)、(d)、(e)分析松滋河东支、虎渡河、藕池河西支和藕池河东支在水系连通变异下水资源周期变化规律。通过对比分析不难发现,松滋河东支、虎渡河、藕池河西支和藕池河东支水系连通度基准期水资源周期变化过程与松滋河西支基本一致(见表4-5),存在3~6 a、7~18 a、22~32 a 3类尺度的周期变化规律,在较大时间尺度22~32 a中,5条河流的周期中心相差1 a左右,在较小时间尺度3~6 a中,虎渡河水资源变化过程准震荡次数不太明显。水系连通变异后,松滋河东支、虎渡河、藕池河西支和藕池河东支水资源周期变化过程与松滋河西支也基本一致,存在3~6 a、7~8 a、9~12 a、13~16 a 4类尺度的周期变化规律,但各区域各时间尺度水资源变化过程也有相异之处,松滋河东支和藕池河西支存在最小时间尺度1~2 a的周期变化规律,藕池河西支存在最大时间尺度5~16 a的周期变化规律,在其时间尺度下又镶嵌小尺度的丰枯变化,意味着水资源系列周期变化更加复杂。由表4-5可知,松滋河西支水资源变化过程的第一主周期、第二主周期、第三主周期由基准期的5 a、10 a、28 a变为变异期4 a、7 a、15 a,松滋河东支由5 a、11 a、27 a变为4 a、7 a、15 a,虎渡河由5 a、10 a、28 a变为4 a、7 a、15 a,藕池河西支由5 a、14 a、26 a变为3 a、8 a、13 a,藕池河东支由5 a、10 a、27 a变为3 a、7 a、14 a。由此认为,水系连通变异下荆南三口水资源周期变化的空间差异不大,唯有周期中心、震荡次数、某些时间尺度下是否镶嵌小尺度的丰枯变化有所不同,表明水系连通变异对荆南三口河系的周期变化产生一定影响,缩短了周期尺度,该区域周期变化规律代表松滋河、虎渡河、藕池河周期变化规律。

表 4-5 水系连通变异前后荆南三口各河系周期变化对比 (单位:a)

河流	周期变化要素	1956 ~ 1989 年	1990 ~ 2017 年
松滋河西支	尺度范围	3 ~ 6、7 ~ 18、22 ~ 32	3 ~ 6、7 ~ 8、9 ~ 12、13 ~ 16
	周期中心	5、15、28	4、7、9、15
	主周期	5、10、28	4、7、15
松滋河东支	尺度范围	3 ~ 6、7 ~ 18、22 ~ 32	3 ~ 6、7 ~ 8、9 ~ 12、13 ~ 16
	周期中心	5、14、28	7、15
	主周期	5、11、27	4、7、15
虎渡河	尺度范围	3 ~ 6、7 ~ 18、22 ~ 32	3 ~ 6、7 ~ 8、9 ~ 12、13 ~ 16
	周期中心	10、28	7、15
	主周期	5、10、28	4、7、15
藕池河西支	尺度范围	3 ~ 6、7 ~ 18、22 ~ 32	3 ~ 6、7 ~ 8、9 ~ 12、13 ~ 16
	周期中心	5、14、26	3、8、13
	主周期	5、14、26	3、8、13
藕池河东支	尺度范围	3 ~ 6、7 ~ 18、22 ~ 32	3 ~ 6、7 ~ 8、9 ~ 12、13 ~ 16
	周期中心	14、26	7、14
	主周期	5、10、27	3、7、14

4.2.3 水资源趋势变化空间差异

为了进一步证实荆南三口河系水资源量减少的趋势变化的地域差异,从水资源趋势变化角度分析空间变化特征,利用 M - K 趋势检验法分析水系连通变异下松滋河西支、松滋河东支、虎渡河、藕池河西支、藕池河东支 5 条河流年水资源变化特征。M - K 趋势检验结果(见表 4-3)表明,1956 ~ 2017 年荆南三口流域水资源呈显著减少趋势,达到了 0.01 显著性水平。从 Sen's slope 斜率估计值 β 来看,藕池河东支斜率估计值绝对值最大,虎渡河、松滋河西支、松滋河东支次之,藕池河西支最小,说明藕池河东支河系水资源减小程度高,虎渡河、松滋河西支、松滋河东支的减小程度次之,藕池河西支减小程度最小。从水资源量的减少情况来看,藕池河东支从 1956 年的 607.8 亿 m^3 减至 2017 年的 160.89 亿 m^3,藕池河东支从 1956 年的 62.17 亿 m^3 减至 2017 年的 5.38 亿 m^3,意味着水资源量的基数越大,其变化程度越高,随机性涉及的范围广,容易发生变化,造成的影响较大。

对比水系连通变异下荆南三口各河系年水资源量 M - K 趋势检验值和斜率值不难发现,松滋河西支在水系连通度基准期水资源量无显著增加趋势,未能达到一定的显著水平,可见水系连通变异前松滋河西支年水资源量趋势变化不明显;松滋河西支在变异期水资源量呈显著减少趋势,达到了 0.05 显著性水平,且减少程度高,$\beta = -4.01$,说明水系连通变异下该河系年水资源量减少趋势明显,变异期年水资源量变化趋势影响着 1956 ~ 2017 年整个时期的变化情势。松滋河东支、虎渡河在基准期水资源量均呈显著减少趋势,达到了 0.01 显著性水平,且减少程度高,两河系在变异期水资源量也均呈显著减少趋势,达到了 0.01 显著性水平,只是水系连通变异前松滋河东支的减少程度高于变异后,而虎渡河减少程度稍低于变异后,从某种程度上来说,松滋河东支、虎渡河在 1956 ~ 2017 年整个时期年水资源量均呈显著减少趋势,且水系连通变异后是在变异前的基础上持续减少,前者河系减少程度前高后低,后者河系前低后高,使两河系的年水资源量从 200 亿 m^3 左右减至 50 亿 m^3 左右。藕池河西支在基准期水资源量呈显著减少趋势,达到了 0.01 显著性水平,减少程度稍高,而水系连通变异后显著性水平为 0.05,减少程度低,说明该河系年水资源量在水系连通变异前呈快速下降趋势,变异后呈缓慢下降趋势,这主要是由于三峡水库运行使下泄水量在时间配置上趋于均衡所致。藕池河东支在基准期水资源量呈显著减少趋势,达到了 0.01 显著性水平,减少程度很高,$\beta = -14.64$,而水系连通变异后 $Z = 0$, 远未达到一定的显著水平,其年水资源量无明显变化趋势,更谈不上变化程度。但由于水系连通变异前减少程度很高,该河系在 1956 ~ 2017 年整个时期年水资源量呈显著减少趋势,说明水系连通变异前减少趋势比较急剧,水系连通变异后虽无明显变化趋势,但年水资源量变化却无固定规律,忽高忽低,容易造成旱涝灾害,1998 年该河系水资源量为 306.7 亿 m^3,2006 年为 28.65 亿 m^3。由此推断,水系连通变异下各区域变化趋势显著与否及程度有差异,松滋河西支由无明显趋势变化变为显著下降趋势,且下降程度高,藕池河东支由显著下降趋势到无明显变化趋势转变,虎渡河、藕池河西支增加了明显下降趋势程度,松滋河东支减弱了显著下降趋势程度。

4.3　小　结

(1)在短时间尺度上,水系连通变异下荆南三口水资源年内分配极不均匀,大多集中在夏季,水资源量更丰富,松滋河东支 3 ~ 5 月水资源量占年水资源量的比例达到 72.21%,冬季水资源量更匮乏,冬季断流时常出现且断流时间长,藕池河东支连续 5 个月断流,水资源年内分配有两极化倾向,藕池河东支 1 ~ 4 月水资源量为 0,7 月水资源量占全年水资源量的 40.98%。空间上,水系连通变异在一定程度上影响该地区水资源空间分布,加剧了降水在空间分布上的不均匀性。

(2)在长时间尺度上,水系连通变异下荆南三口水资源周期变化时间尺度变小,7 ~ 18 a、22 ~ 32 a 缩小至 7 ~ 8 a、9 ~ 12 a、13 ~ 16 a,主周期时间缩短,相同时间尺度丰枯交替变化震荡次数增多。空间上,水系连通变异下资源周期变化的空间差异不大,仅在周期中心、震荡次数、某些时间尺度下是否镶嵌小尺度的丰枯变化等方面有所不同。

(3)在时空趋势性上,水系连通变异下水资源呈显著下降趋势,达到 99% 的可信度,但下降程度各有不同,存在差异。水系连通变异下荆南三口河系水资源量年均线性递减率减小,年平均值为降低,但出现极端水资源量的概率变大,水资源趋势变化程度复杂。水系连通变异下各区域变化趋势显著与否及程度有差异,松滋河西支由无明显趋势变化变为显著下降趋势,且下降程度高,藕池河东支由显著下降趋势到无明显变化趋势转变,虎渡河、藕池河西支增加了明显下降趋势程度，松滋河东支减弱了显著下降趋势程度。空间尺度上，水系连通变异下荆南三口河系枯水期水资源量无显著减少趋势，但枯水期水资源量普遍偏少，甚至有些年份枯水期出现断流；水系连通变异下荆南三口河系汛期水资源量呈显著减少趋势，且减少程度较高。

第 5 章　水系连通变异下水文干旱特征及缺水响应

水系连通变异下荆南三口河系水资源年内分配极不均匀，丰水期水资源量越来越集中，而枯水期水资源量越来越稀少，时常出现断流且断流时间明显延长，极易造成枯水期干旱事件频繁发生，水系连通度对水资源影响起着至关重要的作用。随着极端天气与人类活动的加剧，水系连通度势必受到干扰而发生改变，从而对水资源造成较强的影响，使得水资源量在时空上存在很大差异，导致近年来荆南三口地区出现较频繁的干旱现象，给该地区的社会经济发展造成一定的影响。在全球气候变化和人类活动的双重影响下，降水特征及时空格局均发生改变，水循环过程受到明显影响。大气环流异常、降水季节时空分布不均或分配比例不均衡、某些区域降水稀少以及人类活动等因素均会导致干旱的形成。环境变化容易引起区域性干旱现象，尤其是极端干旱事件的发生，人们越来越重视干旱特征的分析研究。根据美国气象学会研究报告，将干旱分为四种类型，即气象干旱、水文干旱、农业干旱和社会经济干旱。水文干旱本身受气象干旱的直接影响，同时直接影响着农业干旱和社会经济干旱，属于自然干旱发展的次生阶段。水文干旱主要是相对于河川径流和地下水平衡等水文过程而言的，是指因气象干旱造成河川径流或地下水收支不平衡所引起的水分短缺现象。从供需水角度来看，水文干旱是指江河、湖泊等水体的可供水量不能满足用水需求的现象。水文干旱的影响因素众多且复杂、关联性大，是区域气象、水文、水资源等各种因素综合作用所致。可见，水文干旱在气象干旱、农业干旱及社会经济干旱方面起着重要的作用，故开展水文干旱研究不但丰富了干旱理论知识体系，而且满足了人类农业生产实践、社会经济活动及生态文明建设对水资源的现实需求。

水文干旱事件的发生是随机事件，目前对其进行研究比较适合的数学方法就是频率分析。水文干旱事件的特征属性主要包括水文干旱历时、水文干旱强度（缺水量）、水文干旱峰值等特征，因而进行频率分析须运用多变量的方法，且应综合考虑多变量联合分布特征及各变量之间的相依性。近年来 Copula 函数由于具有上述特点，在多变量频率分析中得到广泛的应用。Archimedean Copulas 函数不仅可以描述多个变量之间的相互关系，而且还可以描述所有变量两两之间的相互关系，而水文干旱特征通过水文干旱历时、水文干旱强度及水文干旱峰值两两变量之间的相互关系来表现，因此运用 Archimedean Copulas 函数分析水文干旱特征更有重要意义。由水文干旱的定义可知，水文干旱与地表径流息息相关，为此，研究者认为以径流量为干旱指标的水文干旱是最严重的干旱事件，这种干旱最能全面反映区域性的真实干旱情况，反馈气象干旱，则直接影响社会经济发展。

有研究表明，1951～2014 年荆南三口河系平均断流天数呈逐期增加趋势，且变化趋势显著。三峡水库蓄水后年断流天数比蓄水前延长了至少 22 d，2006 年（枯水年）荆南三口 5 站有 3 站（沙道观、管家铺、康家岗）断流期超过了 200 d 以上，康家岗站断流甚至达到了 336 d，断流了 11 个月之久。荆南三口河系断流则隔断了河湖水系连通功能，进而导致河道水文干旱。鉴于此，本书以荆南三口地区水资源为研究对象，采用游程理论对水文干旱进行识别，在此基础上，基于 Archimedean Copulas 函数对荆南三口河系水文干旱历时、水文干旱强度及水文干旱峰值任意两变量之间相关关系进行数理统计分析，并以水系连通变异拐点为界，对变异前后各时间段的水文干旱特征进行比较，综合分析水系连通变异下水文干旱特征，为该地区供水的不确定性、河道生态需水研究，以及优化三峡水库调度方案、兴建河湖水系连通工程提供理论依据。

5.1　水文干旱特征的识别与表示方法

5.1.1　水文干旱特征的识别

干旱特征的识别大多使用游程理论方法，该方法具有识别一次独立的干旱事件和判定出干旱发生时间、结束时间的特点。水文干旱发生的条件是流量小于某一阈值（本书中以各月径流量25 分位数）时，其中干旱从开始到结束所持续的时间被定为水文干旱历时（d），在干旱时期内径流的缺水总量被定义为水文干旱强度（s），在干旱时期内河流的最小流量，反映最大缺水量被定义为水文干旱峰值（p）。早在 1967 年 Yevjevich 就提出了应用游程理论方法来研究干旱特征。为了消除在一个长历时的干旱过程中，由于几个小的具有联系的干旱事件影响其一致性问题，Tallaksen 等提出了水文干旱事件合并，即基于干旱间隔时间和超出流量阈值的方法来合并不独立的水文干旱事件。设有两个水文干旱事件 $\{d_i, s_i, p_i\}$ 和 $\{d_{i+1}, s_{i+1}, p_{i+1}\}$，若该干旱事件同时满足下列 2 个条件，则两个干旱事件不独立，应合并为一个独立干旱事件。

条件 1：$t_i \leqslant t_c$，t_i 为干旱间隔时间，t_c 为干旱间隔时间临界值；

条件 2：$\rho_i \leqslant \rho_c$，ρ_i 为间隔时间内超出径流量之和 r_i 与上一个干旱事件所缺径流量之比，ρ_c 为 ρ_i 临界值，这是判断干旱事件融合的先决条件，则有：

$$\left.\begin{aligned} d_p &= d_i + d_{i+1} + t_i \\ s_p &= s_i + s_{i+1} - s_i \\ p_p &= \max(p_i, p_{i+1}) \end{aligned}\right\} \tag{5-1}$$

式中：d_p、s_p、p_p 分别为合并为干旱事件后的水文干旱历时、水文干旱强度和水文干旱峰值；d_i、s_i、p_i 分别为某一个干旱事件的水文干旱历时、水文干旱强度和水文干旱峰值；d_{i+1}、s_{i+1}、p_{i+1} 分别为相邻干旱事件的水文干旱历时、水文干旱强度和水文干旱峰值。

若合并后的干旱事件与下一个相邻干旱事件仍满足上述两个条件，则之前合并后的干旱事件继续与该相邻干旱事件合并，依此类推，直至不满足上述 2 个条件。基于已有研究结论，并按照每年最后 2 个月与翌年的 1 月、2 月相比较来判断水文干旱事件是否独立，设 $t_c = 4\ \text{m}$，$0 \leqslant p_c \leqslant 0.5$。

在一个长历时径流过程中，存在着大量历时短、强度小且对水文干旱特征意义不大的干旱事件，这些事件往往会使干旱特征分析变得更加复杂，该干旱事件需要去除，去除干旱事件只需满足下列条件之一：

$$\left.\begin{aligned} r_d &< r_c, r_d = d_i/\bar{d} \\ r_s &< r_c, r_s = s_i/\bar{s} \end{aligned}\right\} \tag{5-2}$$

式中：d_i、s_i 含义同前，$\overline{d}$、$\overline{s}$ 分别为长系列水文干旱历时的均值和水文干旱强度的均值；r_c 为评判水文干旱历时短、强度小且对水文干旱特征意义不大的干旱事件的标准值，一般取 0.3。

5.1.2　Archimedean Copulas 函数

Copula 函数是指在[0,1]区间服从于均匀分布的联合分布函数。假定 F 为一个 n 维的分布函数，有 n 个观测样本 $x_1, x_2, \cdots, x_n$，设各变量的边缘分布函数为 $F(x)$，对于任意的 $x \in R^n$，其 n 维 Copula 分布函数 C 满足：

$$F(x_1, x_2, \cdots, x_n) = P\{X_1 \leqslant x_1, X_2 \leqslant x_2, \cdots, X_n \leqslant x_n\} = C[F_1(x_1), F_2(x_2), \cdots, F_n(x_n)]$$

Copula 函数主要有 3 种类型：Elliptic、Archimedean 和 Quadratic。Archimedean Copulas 函数有二维 Archimedean Copulas 函数和三维 Archimedean Copulas 函数，后者约有 10 种函数，其常用的有 Clayton Copula、Gumbel – Hougaard(Gumbel) Copula、Frank Copula 和 Ali – Mikhail – Haq(AMH) Copula，其联合分布函数如下：

(1)Clayton Copula：

$$C(u_1, u_2, u_3) = (u_1^{-\theta} + u_2^{-\theta} + u_3^{-\theta} - 2)^{-1/\theta}, \quad \theta \in (0, \infty) \tag{5-3}$$

(2)Gumbel – Hougaard Copula：

$$C(u_1, u_2, u_3) = \exp\{[(-\ln u_1)^{\theta} + (-\ln u_2)^{\theta} + (-\ln u_3)^{\theta})]^{1/\theta}\}, \quad \theta \in [1, \infty) \tag{5-4}$$

(3)Frank Copula：

$$C(u_1, u_2, u_3) = -\frac{1}{\theta}\ln\{1 + \frac{[\exp(-\theta u_1) - 1][\exp(-\theta u_2) - 1][\exp(-\theta u_3) - 1]}{[\exp(-\theta) - 1]^2}\}, \quad \theta \in R \tag{5-5}$$

(4)Ali – Mikhail – Haq Copula：

$$C(u_1, u_2, u_3) = u_1 u_2 u_3 / [1 - \theta(1 - u_1)(1 - u_2)(1 - u_3)], \quad \theta \in [-1, 1) \tag{5-6}$$

式中：$C(u_1, u_2, u_3)$ 为三维 Archimedean Copulas 函数；u_1、u_2、u_3 为 3 种边缘分布函数；θ 为 Copula 函数的参数。

对于三维 Archimedean Copulas 函数，θ 参数的估计方法可以选用极大似然法和适线法。

5.1.3　干旱特征变量联合分布函数的构建及拟合优度检验

假定 X_1, X_2, X_3 分别为干旱事件中具有一定相关性的变量序列，u、v、w 分别为水文干旱历时、水文干旱强度及水文干旱峰值的边缘分布函数，其事件 (x_1, x_2, x_3) 的联合概率分布函数的通用表达式为

$$F(x_1, x_2, x_3) = C[Fx_1(x_1), Fx_2(x_2), Fx_3(x_3)] = C(u, v, w) \tag{5-7}$$

就干旱特征分析而言，水文干旱特征的三维联合分布函数为

$$F'(d, s, p) = P(D \geqslant d, S \geqslant s, P \geqslant p) = 1 - u - v - w + C(u, v) + C(u, w) + C(v, w) - C(u, v, w) \tag{5-8}$$

若给定条件 $P \leqslant p$ 时,D、S 条件概率分布函数可表示为

$$F_{d,s|p}(d,s,p) = P(D \geqslant d, S \geqslant s \mid D \leqslant d) = C(u,v,w)/w \tag{5-9}$$

若给定条件 $S \leqslant s, P \leqslant p$ 时,D、S 条件概率分布函数可表示为

$$F_{d|s,p}(d,s,p) = P(D \geqslant d \mid S \leqslant s, D \leqslant d) = C(u,v,w)/C(v,w) \tag{5-10}$$

同理,可以得到其他条件下的条件概率分布函数,上述各式中的变量参数意义同前。

拟合优度检验是评价联合分布函数,选择其分布线型的一个重要标准。综合研究成果,选择 *RMSE*、*AIC* 和 *BIAS* 来评价 Copula 函数拟合优度的有效性,*RMSE*、*AIC* 和 *BIAS* 值越小,则 Copula 函数的拟合程度越优；反之,拟合程度越劣。

5.1.4 干旱事件重现期的确定

依前述假定,u、v、w 分别为水文干旱历时 d、水文干旱强度 s 及水文干旱峰值 p 的边缘分布函数,结合重现期原理可知,水文干旱历时 d、水文干旱强度 s 及水文干旱峰值 p 不小于某特定值的重现期计算公式为

$$\left.\begin{aligned} T_D &= N/[n(1-u)] \\ T_S &= N/[n(1-v)] \\ T_P &= N/[n(1-w)] \end{aligned}\right\} \tag{5-11}$$

式中:T_D、T_S、T_P 分别为水文干旱历时、水文干旱强度和水文干旱峰值的重现期;N 为干旱事件的系列长度;n 为 N 时段内干旱事件发生的次数。

就联合分布函数来说,干旱事件重现期包括二维干旱变量组合重现期和三维干旱变量组合重现期,每种组合重现期又由联合、同现 2 种重现期组成,以水文干旱历时 d、水文干旱强度 s 二维变量联合分布为例,DS 联合重现期 T_o 和同现重现期 T_a 的计算公式为

$$\left.\begin{aligned} T_o &= \frac{N}{nP(D \geqslant d \cup S \geqslant s)} = \frac{N}{n[1 - C(u,v)]} \\ T_a &= \frac{N}{nP(D \geqslant d \cap S \geqslant s)} = \frac{N}{n[1 - u - v + C(u,v)]} \end{aligned}\right\} \tag{5-12}$$

水文干旱历时、水文干旱强度和水文干旱峰值三维干旱变量联合重现期 T_o 与同现重现期 T_a 的计算公式为

$$\left.\begin{aligned} T_o &= \frac{N}{nP(D \geqslant d \cup S \geqslant s \cup P \geqslant p)} = \frac{N}{n[1 - C(u,v,w)]} \\ T_a &= \frac{N}{nP(D \geqslant d \cap S \geqslant s \cap P \geqslant p)} = \frac{N}{n[1 - u - v - w + C(u,v) + C(u,w) + C(v,w) - C(u,v,w)]} \end{aligned}\right\} \tag{5-13}$$

5.2 水系连通变异下水文干旱特征

5.2.1 水文干旱的界定与识别

根据美国气象学会研究报告,将干旱分为四种类型,即气象干旱、水文干旱、农业干旱和社会经济干旱。水文干旱本身受气象干旱的直接影响,同时直接影响着农业干旱和社

会经济干旱，属于自然干旱发展的次生阶段。水文干旱主要是相对于河川径流和地下水平衡等水文过程而言的，是指因气象干旱造成河川径流或地下水收支不平衡所引起的水分短缺现象。从供需水角度来看，水文干旱是指江河、湖泊等水体的可供水量不能满足用水需求的现象。水文干旱的影响因素众多且复杂、关联性大，是区域气象、水文、水资源等各种因素综合作用所致。可见，水文干旱在气象干旱、农业干旱及社会经济干旱方面起着重要的作用，故开展水文干旱研究不但丰富了干旱理论知识体系，而且满足了人类农业生产实践、社会经济活动及生态文明建设对水资源的现实需求。

水文干旱事件的发生是随机事件，目前对其进行研究比较适合的数学方法就是频率分析。水文干旱事件的特征属性主要包括水文干旱历时、水文干旱强度（缺水量）、水文干旱峰值等特征，因而进行频率分析须运用多变量的方法，且应综合考虑多变量联合分布特征及各变量之间的相依性。

干旱特征的识别大多使用游程理论方法，该方法具有识别一次独立的干旱事件和判定出干旱发生时间、结束时间的特点。水文干旱发生的条件是流量小于某一阈值（本书中以各月水资源量 25 分位数）时，其中干旱从开始到结束所持续的时间被定为水文干旱历时（d），在干旱时期内水资源的缺水总量被定义为水文干旱强度（s），在干旱时期内河流的最小流量，反映最大缺水量被定义为水文干旱峰值（p）。运用式（5-1）和式（5-2）计算得到荆南三口河系水文干旱特征变量，结果见表 5-1。

表 5-1　荆南三口河系水文干旱特征变量计算结果

水文站点	统计特征	1956～1989 年			1990～2017 年		
		水文干旱历时（月）	水文干旱强度（万 m^3）	水文干旱峰值（万 m^3/月）	水文干旱历时（月）	水文干旱强度（万 m^3）	水文干旱峰值（万 m^3/月）
新江口	最大值	7	186.06	164.30	9	1 344.00	407.76
	最小值	1	0.04	0.04	1	0.22	0.18
	平均值	2	53.06	44.31	2	157.59	85.72
	中位数	1	15.76	14.66	2	47.95	40.84
沙道观	最大值	9	105.86	79.79	13	563.02	171.98
	最小值	1	0.39	0.10	1	0.10	0.10
	平均值	3	20.72	18.08	4	78.30	43.93
	中位数	3	0.99	0.79	4	15.07	14.53
弥陀寺	最大值	9	136.55	80.42	11	792.79	259.73
	最小值	1	0.30	0.30	1	0.30	0.25
	平均值	3	26.87	18.08	4	107.62	55.40
	中位数	3	1.24	0.35	3	29.64	29.64

续表 5-1

水文站点	统计特征	1956 ~ 1989 年			1990 ~ 2017 年		
		水文干旱历时（月）	水文干旱强度（万 m^3）	水文干旱峰值（万 m^3/月）	水文干旱历时（月）	水文干旱强度（万 m^3）	水文干旱峰值（万 m^3/月）
康家岗	最大值	13	24.22	12.55	19	107.91	55.41
	最小值	1	0.07	0.07	1	0.21	0.21
	平均值	6	3.02	1.97	7	21.17	11.25
	中位数	6	0.46	0.07	7	3.02	1.66
管家铺	最大值	8	281.18	211.00	13	978.05	343.88
	最小值	1	0.32	0.32	1	0.05	0.05
	平均值	3	38.11	28.88	4	144.02	75.94
	中位数	3	1.30	0.32	3	17.50	17.50

5.2.2 水系连通变异下水文干旱演变特征

基于前述的发生水文干旱的基本条件即流量小于某一阈值（各月水资源量 25 分位数），分别统计水系连通变异时间节点前后荆南三口河系水文干旱发生的次数，经分析表明，水系连通变异基准期该河系水文干旱现象年均发生次数在 0.71 ~ 1.21 次之间波动，其中年均发生次数最多的是藕池河康家岗站，其次为管家铺，最少的是松滋河新江口站。水系连通发生变异下水文干旱现象年均发生次数增加到 1.22 ~ 2.7 次，其中次数最多为弥陀寺站，其次是管家铺，最少为康家岗站。由此表明，水系连通变异下该河系水文干旱次数呈显著增加状态。这是由水系连通变异后荆南三口河系水资源量减少，河网水力连通状况变差，水流畅通能力减弱，月流量低于 25 分位数的间断次数增加所致。与此同时，水系连通变异后荆南三口河系水文干旱连续发生次数增多，其主要原因是河道断流时间延长，然而，降水、蒸散发对河道断流天数的影响较小，人类活动影响断流时间的贡献率超过 80%。因此，人类活动影响着荆南三口河系水文干旱连续发生次数。例如，虎渡河弥陀寺站持续断流天数由基准期的 118 d 增至变异期的 185 d，同期水文干旱发生次数由 26 次上升至 54 次，上升率为水系连通变异前的 2.07 倍。由此认为，尽快优化荆南三口水系结构，实施河湖水系连通工程，提高水流连通能力，从根本上降低水文干旱事件发生的次数，维护河流生态系统健康显得日愈紧迫和重要。

由表 5-1 可以得到水文干旱历时、水文干旱强度、水文干旱峰值等特征变量，水系连通变异后该河系水文干旱历时最大值均呈增长趋势，松滋河新江口水文干旱历时由 7 个月增至 9 个月（1997 年 8 月至翌年 4 月共 9 个月水资源量小于所对应月份 25 分位数的水资源量），沙道观由 9 个月增至 13 个月，虎渡河弥陀寺由 9 个月增至 11 个月，藕池河康家岗由 13 个月增至 19 个月，管家铺由 8 个月增至 13 个月。该河系水文干旱历时平均值较水系连通变异前增加了 1 个月，其中沙道观、弥陀寺、管家铺水文干旱历时平均值由 3 个月增长至 4 个月，康家岗由 6 个月增长至 7 个月。从水文干旱强度来看，水系连通变异后水文干旱强度的最大值、平均值、中位数均比变异前有所增加，新江口、沙道观、弥陀寺、康家岗、管家铺 5 站水文干旱强度的最大值分别增加了 1 157. 94 亿 m^3、457. 16 亿 m^3、656. 24 亿 m^3、83. 69 亿 m^3、696. 87 亿 m^3；平均值依次增加 104. 53 亿 m^3、57. 58 亿 m^3、80. 75 亿 m^3、18. 15 亿 m^3、105. 91 亿 m^3；中位值分别增加了 32. 19 亿 m^3、14. 08 亿 m^3、28. 4 亿 m^3、2. 56 亿 m^3、16. 2 亿 m^3。以水文干旱峰值而言，水系连通变异后水文干旱峰值的变化趋势与水文干旱强度类似，即最大值、平均值、中位数均比水系连通变异前有所增加。再通过分析水文干旱历时、水文干旱强度和水文干旱峰值的平均值和中位数平均值可以发现，水文干旱历时的平均值增加 1 个月，说明水文干旱时间较水系连通变异前长；水文干旱强度和水文干旱峰值平均值的增加则说明了干旱时期内河道的缺水总量和最大缺水量增加。总体而言，水文干旱强度和水文干旱峰值的中位数、平均值有所增加，例如松滋口西支新江口变异前水文干旱强度中位数为 15. 76 亿 m^3、平均值为 53. 06 亿 m^3，变异后中位数、平均值分别增至 47. 95 亿 m^3、157. 59 亿 m^3，变异后的中位数与变异前的平均数只相差 5. 11 亿 m^3，意味着水系连通变异后，水文干旱强度较大。在水系连通变异后新江口有一半水文干旱事件中的水文干旱强度均不小于 47. 95 亿 m^3，说明干旱时期内松滋河西支河道的缺水总量大于 47. 95 亿 m^3，其主要原因是 2003 年三峡水库运行后分长江水量有所减少。因此，水文干旱事件有所增多，缺水量有所增大。

由上述分析表明，从整体来看，水系连通变异后荆南三口河系水文干旱事件发生的次数增多，水文干旱历时增长，水文干旱强度增大，水文干旱峰值增高。这意味着水系连通度变异对触发该河系水文干旱事件产生了不同程度的影响。

5.2.3　水文干旱特征值的联合频率演变特征

水文干旱特征值包含水文干旱历时、水文干旱强度、水文干旱峰值三种，为了分析二维联合频率和三维联合频率水文干旱特征，在上述分析水系连通变异下水文干旱次数及水文干旱单个特征值演变规律基础上，采用线性矩法对分布函数分别进行广义极值分布、指数分布、P-Ⅲ型、对数正态分布进行估计，并对其拟合结果进行 Kolmogorow - Smirnov（简称 K - S）优度检验，结果表明，指数分布函数、P-Ⅲ型分布函数的拟合效果比广义极值分布、对数正态分布要好；指数分布函数的 K - S 统计值 D 小于 P-Ⅲ型分布函数的 K - S 统计值 D，本书选取指数分布函数进行拟合。设定指数分布函数的一般式为 $y = y_0 + A\exp(R_0x)$，各干旱特征变量的参数采用极大似然法进行估计，并对其拟合结果进行 K - S优度检验（见表 5-2）。从表 5-2 中可以看出，该河系指数曲线拟合的相关系数均大于 0. 98，表明在 99% 的置信区间内指数分布函数对水文干旱历时、水文干旱强度以及水文干旱峰值的拟合良好（p 值大于 0. 01）。由此可以认为，荆南三口河系干旱特征变量边缘分布函数均可用指数分布函数来拟合。

表 5-2　荆南三口河系水文干旱特征变量参数估计值及 K-S 检验 p 值

水文站点	参数	y_0	A	R_0	R^2	p 值
新江口	水文干旱历时	0. 996 7	-2. 81	-1. 04	0. 999 5	0. 029
	水文干旱强度	0. 998 8	-0. 68	-0. 002	0. 994 7	0. 012
	水文干旱峰值	1. 009 7	-0. 69	-0. 003	0. 995 5	0. 011

续表 5-2

水文站点	参数	y_0	A	R_0	R^2	p 值
沙道观	水文干旱历时	0.992	-2.49	-0.91	0.996 4	0.033
	水文干旱强度	1.011	-0.79	-0.003	0.997 3	0.025
	水文干旱峰值	1.786 1	-1.49	-0.001	0.989 9	0.054
弥陀寺	水文干旱历时	0.989 4	-2.6	-0.97	0.999 6	0.032
	水文干旱强度	0.988 1	0.77	-0.003	0.989 1	0.015
	水文干旱峰值	1.049 4	-0.83	-0.003	0.992 2	0.033
康家岗	水文干旱历时	1.009	-3.18	-1.15	0.999 7	0.026
	水文干旱强度	1.020 9	-1.2	-0.005	0.982 3	0.193
	水文干旱峰值	1.038 6	-1.35	-0.06	0.983 7	0.087
管家铺	水文干旱历时	1.008	-2.59	-0.94	0.998 3	0.029
	水文干旱强度	1.010 5	-0.88	-0.002	0.996 4	0.080
	水文干旱峰值	1.126 4	-0.96	-0.002	0.988 0	0.011

对于三维 Archimedean Copulas 函数而言，采用适线法对其参数估计的效果比极大似然法更加优越。根据适线法计算得到 Copula 函数的参数 θ 值以及拟合优度 *RMSE*、*AIC*、*Bias* 的评价指标值（见表 5-3）可知，Copula 函数拟合程度最优的为 Clayton Copula。于是本书选用 Clayton Copula 函数对该河系基于水文干旱历时、水文干旱强度和水文干旱峰值的特征变量进行联合分布计算。

表 5-3　Copula 函数参数及拟合优度评价指标值

水文站点	函数类型	参数 θ	*RMSE*	*AIC*	*Bias*
新江口	Clayton Copula	4.753 0	0.149 5	-103.671 3	62.817 8
	Gumbel - Hougaard Copula	0.184 0	0.150 4	-103.324 9	63.267 4
	Frank Copula	8.325 0	0.156 2	-101.141 3	65.707 3
	Ali - Mikhail - Haq Copula	361.952 0	0.157 6	-100.626 4	66.296 2
沙道观	Clayton Copula	3.000	0.042 5	-176.255 7	17.878 1
	Gumbel - Hougaard Copula	0.161 0	0.043 9	-174.385 4	18.467 0
	Frank Copula	5.489 0	0.043 4	-175.046 4	18.256 7
	Ali - Mikhail - Haq Copula	999.999 0	0.094 8	-129.958 8	39.878 7
弥陀寺	Clayton Copula	2.245	0.015 9	-232.993 2	6.688 5
	Gumbel - Hougaard Copula	0.185 0	0.016 1	-232.271 8	6.772 6
	Frank Copula	3.749 0	0.017 2	-228.457 9	7.235 4
	Ali - Mikhail - Haq Copula	53.265 0	0.130 1	-111.692 3	54.728 0

续表 5-3

水文站点	函数类型	参数 θ	*RMSE*	*AIC*	*Bias*
康家岗	Clayton Copula	1.901 3	0.024 9	-207.108 4	10.474 5
	Gumbel - Hougaard Copula	0.202 0	0.030 8	-194.837 0	12.956 4
	Frank Copula	3.705 0	0.032 4	-191.914 5	13.629 4
	Ali - Mikhail - Haq Copula	999.999 0	0.043 4	-175.046 4	18.256 7
管家铺	Clayton Copula	1.308 0	0.018 0	-225.834 4	7.571 9
	Gumbel - Hougaard Copula	0.162 0	0.019 6	-220.920 1	8.245 0
	Frank Copula	1.932 0	0.018 5	-224.253 2	7.782 2
	Ali - Mikhail - Haq Copula	419.374 0	0.135 1	-109.516 0	56.831 3

在预定的 2 a 一遇、5 a 一遇和 10 a 一遇的单变量重现期的前提下，根据联合重现期和同现重现期的计算式(5-11)、式(5-12)，可以计算出水系连通变异下该河系水文干旱历时与水文干旱强度(*ds*)、水文干旱历时与水文干旱峰值(*dp*)、水文干旱强度与水文干旱峰值(*sp*)二维以及水文干旱历时、水文干旱强度与水文干旱峰值三维的联合重现期和同现重现期(见表 5-4)。由表 5-4 可知，新江口、沙道观、弥陀寺、康家岗、管家铺相同单变量重现期的二维联合重现期和同现重现期基本一致，即便是不同单变量重现期的二维联合重现期和同现重现期变化趋势也基本一致，例如当 2 a 一遇水文干旱发生时，新江口水文干旱历时与水文干旱强度(*ds*)、水文干旱历时与水文干旱峰值(*dp*)、水文干旱强度与水文干旱峰值(*sp*)联合重现期为 1.34 a、同现重现期为 3.95 a；新江口当 5 a 一遇水文干旱发生时，其水文干旱历时与水文干旱强度的联合重现期为 2.89 a，那么水文干旱历时与水文干旱峰值、水文干旱强度与水文干旱峰值的联合重现期也约为 2.89 a。也就是说，各河流的水文干旱历时与水文干旱强度(*ds*)、水文干旱历时与水文干旱峰值(*dp*)、水文干旱强度与水文干旱峰值(*sp*)之间的相关性相差不大。同时，水文干旱特征变量参数两两组合的二维联合重现期和同现重现期相似，这说明在该河系任一河流发生水文干旱事件的概率相同，其水文干旱历时、水文干旱强度和水文干旱峰值具有一致性。

表 5-4　连通度变异下各站点相同单变量重现期下二维和三维的联合重现期和同现重现期

水文站点	时间系列	单变量重现期(a)	联合重现期 T_o(a)				同现重现期 T_a(a)			
			ds	*dp*	*sp*	*dsp*	*ds*	*dp*	*sp*	*dsp*
新江口	1956～1989 年	2	1.34	1.34	1.34	1.10	3.95	3.95	3.96	6.04
		5	2.89	2.89	2.88	2.17	18.80	18.80	18.77	47.06
		10	5.40	5.40	5.40	3.86	66.81	66.81	66.99	275.14
	1990～2017 年	2	1.19	1.19	1.19	0.91	6.27	6.27	6.26	13.55
		5	2.71	2.71	2.70	1.94	33.15	33.15	33.07	134.92
		10	5.21	5.21	5.21	3.61	124.06	124.06	124.11	898.99

续表 5-4

水文站点	时间系列	单变量重现期(a)	联合重现期 T_o(a)				同现重现期 T_a(a)			
			ds	*dp*	*sp*	*dsp*	*ds*	*dp*	*sp*	*dsp*
沙道观	1956～1989 年	2	1.45	1.45	1.45	1.26	3.20	3.20	3.20	4.28
		5	3.01	3.01	3.02	2.34	14.49	14.49	14.54	30.24
		10	5.54	5.54	5.55	4.05	50.80	50.80	50.82	169.15
	1990～2017 年	2	1.23	3.61	3.58	1.50	5.35	5.17	5.16	8.53
		5	2.74	2.74	2.75	1.99	27.71	27.71	27.80	99.84
		10	5.25	5.25	5.25	3.67	103.55	103.56	103.78	658.33
弥陀寺	1956～1989 年	2	1.35	1.35	1.35	1.12	3.85	3.85	3.86	5.96
		5	2.88	2.88	2.88	2.16	19.05	19.05	19.07	50.67
		10	5.39	5.39	5.39	3.85	69.51	69.51	69.42	313.55
	1990～2017 年	2	1.17	1.17	1.17	0.89	6.80	6.80	6.80	16.44
		5	2.68	2.68	2.68	1.90	37.46	37.46	37.40	180.87
		10	5.19	5.19	5.18	3.58	142.94	142.94	142.73	1 264.12
康家岗	1956～1989 年	2	1.50	1.50	1.50	1.32	2.99	2.99	2.99	3.87
		5	3.05	3.05	3.05	2.39	13.86	13.86	13.89	28.71
		10	5.57	5.57	5.57	4.08	49.08	49.09	49.11	164.94
	1990～2017 年	2	1.30	1.30	1.30	1.06	4.36	4.36	4.36	7.46
		5	2.82	2.82	2.81	2.08	22.49	22.48	22.40	69.71
		10	5.24	5.24	5.26	3.67	101.39	101.40	101.95	696.56
管家铺	1956～1989 年	2	1.29	1.29	1.29	1.05	4.45	4.45	4.44	7.91
		5	2.80	2.80	2.80	2.06	23.63	23.63	23.53	79.52
		10	5.30	5.30	5.30	3.73	88.50	88.50	88.49	531.82
	1990～2017 年	2	1.15	1.15	1.15	0.86	7.80	7.80	7.81	22.25
		5	2.65	2.65	2.65	1.87	44.70	44.71	44.55	270.38
		10	5.15	5.15	5.15	3.53	172.38	172.38	172.56	1 960.93

三口河系的相同单变量重现期下二维联合重现期在水系连通变异前基本上均比水系连通变异后长，二维同现重现期在水系连通变异前均比水系连通变异后短，这说明水系连通变异基准期，水文干旱历时、水文干旱强度、水文干旱峰值 3 个水文干旱特征变量发生任何一种的概率要比变异后小，而水文干旱历时、水文干旱强度、水文干旱峰值 3 个水文干旱特征变量两两同时发生的概率要比变异后大，即水系连通变异前，新江口、沙道观、弥

陀寺、康家岗、管家铺水文干旱历时与水文干旱强度（*ds*）、水文干旱历时与水文干旱峰值（*dp*）、水文干旱强度与水文干旱峰值（*sp*）只发生水文干旱特征变量一种的概率低于变异后，而同时发生的概率高于变异后，例如水系连通变异基准期新江口 2 a 一遇的水文干旱历时或水文干旱强度发生的联合重现期为 1.34 a，变异后为 1.19 a，而变异前新江口 2 a 一遇的水文干旱历时和水文干旱强度同时发生的同现重现期为 3.95 a，变异后却为 6.27 a。这意味着水系连通变异后，即水力连通能力减弱后，长江荆南三口河系一旦发生水文干旱事件，则更容易发生水文干旱特征变量中的一种。

由式（5-13）计算得出各河流的三维联合重现期和同现重现期，其结果说明水系连通变异下水文干旱历时、水文干旱强度和水文干旱峰值发生任何一种的概率高于发生任意两者的概率，也高于二维联合重现概率和二维同现重新概率，更高于三种同时发生的同现概率。也就是说，水系连通变异造成发生水文干旱的概率增加，即联合重现期降低，例如新江口单变量重现期为 2 a，水系连通变异后三维联合重现期仅 0.91 a，而同现重现期为 13.55 a。由此认为，水系连通变弱会使水文干旱历时、水文干旱强度和水文干旱峰值发生任何一种的概率增高。荆南三口地区为大陆性亚热带季风湿润气候，水资源丰富，一般不会出现干旱现象，但是人类活动，特别是水利工程对长江流域径流量变化的影响较大，使得该河系出现水文干旱的可能性增大。

不同的单变量重现期与水文干旱历时、水文干旱强度和水文干旱峰值之间存在着密切的关系。通过分析水系连通变异下该河系不同的单变量重现期 2 a、5 a 和 10 a 所对应的水文干旱历时、水文干旱强度和水文干旱峰值如表 5-5 所示。单变量重现期越长，其水文干旱特征指数越大，水文干旱历时增长，水文干旱强度增大，水文干旱峰值增高，无论是水系连通变异前还是变异后，均呈现此变化规律。由此表明，水文干旱历时、水文干旱强度和水文干旱峰值的大小均受单变量重现期的控制。水系连通变异后，新江口、沙道观、弥陀寺、康家岗、管家铺 5 站点的水文干旱历时、水文干旱强度和水文干旱峰值都比1956～1989 年呈现不同程度的增加，即在相同单变量重现期的情况下，水文干旱历时时长更长，水文干旱强度更大，水文干旱峰值更高。以单变量重现期 2 a 为例，新江口 1990～2017 年水文干旱历时为 3.53 个月，比 1956～1989 年的 2.85 个月约增加 20 d，水文干旱强度比 1956～1989 年增加 343.27 亿 m^3，水文干旱峰值比 1956～1989 年增加 620.57 亿 m^3/月。随着单变量重现期的增加，水系连通变异后水文干旱特征的变化幅度与变异前存在一定的差异。例如，新江口单变量重现期（2 a）的水系连通变异前后水文干旱历时增加值比单变量重现期（10 a）多了至少 3 d，单变量重现期为 2 a 的水系连通变异前后水文干旱强度增加值比单变量重现期为 10 a 的多 16.98 亿 m^3，水文干旱峰值少 157.03 亿 m^3/月。

表 5-5　水系连通变异下各站点不同重现期所对应的水文干旱特征变量参数

水文站点	时间系列	单变量重现期（a）	水文干旱历时（月）	水文干旱强度（亿 m^3）	水文干旱峰值（亿 m^3/月）
新江口	1956～1989 年	2	2.85	767.10	1 477.01
		5	3.77	1 231.42	2 305.05
		10	4.49	1 588.46	2 866.35
	1990～2017 年	2	3.53	1 110.37	2 097.58
		5	4.48	1 580.86	2 855.34
		10	5.27	1 948.71	3 329.89
沙道观	1956～1989 年	2	2.40	323.71	327.17
		5	3.45	611.25	502.63
		10	4.30	814.45	568.70
	1990～2017 年	2	3.32	574.88	786.62
		5	4.43	843.37	575.49
		10	5.41	1 020.72	606.96
弥陀寺	1956～1989 年	2	2.47	396.34	343.94
		5	3.49	728.17	574.85
		10	4.34	1 008.45	709.86
	1990～2017 年	2	3.33	675.29	542.87
		5	4.45	1 045.17	723.30
		10	5.54	1 422.62	814.51
康家岗	1956～1989 年	2	1.77	207.29	18.60
		5	2.54	376.33	31.83
		10	3.10	493.31	40.45
	1990～2017 年	2	2.27	317.03	27.27
		5	3.02	476.29	39.23
		10	3.54	580.39	46.41
管家铺	1956～1989 年	2	2.41	586.99	453.04
		5	3.34	1 016.99	712.22
		10	4.00	1 319.92	840.59
	1990～2017 年	2	3.12	918.04	660.47
		5	4.01	1 322.99	841.67
		10	4.61	1 591.83	920.34

5.3　水系连通变异下荆南三口地区缺水响应

根据干旱特征的识别理论，当研究区水文干旱发生，则流量小于各月水资源量序列25分位数这一阈值。据统计可知，近62 a来，水系连通变异下松滋河西支出现水文干旱134个月、松滋河东支220个月、虎渡河201个月、藕池河西支239个月、藕池河东支215个月（见表5-6），2006年枯水年藕池河西支1年12个月水文干旱，其余四河至少干旱9个月以上，1998年特大洪水，水文干旱7～8个月，这主要是水资源年内分布极不均匀所致，新江口6～9月水资源量占全年总量的89.06%，7～8月占64.26%，若将6～9月水资源分配至10～12月、1～5月，水文干旱自然解决。由于水文干旱各月水资源量序列25分位数划定，加之水资源年内分配不均匀，故春、夏、秋、冬各月的缺水量存在巨大差距，夏季缺水量多，冬季缺水量少。据统计分析，水系连通变异下松滋河西支缺水量最大出现在2006年，缺水13.82亿m^3，1999年最小，缺水0.09亿m^3。松滋河东支、虎渡河、藕池河西支、藕池河东支最大、最小缺水量分别为5.08亿m^3（2006年）、1.01亿m^3（2000年），6.50亿m^3（2006年）、0.29亿m^3（1991年），14.2亿m^3（2006年）、0.03亿m^3（1993年），9.81亿m^3（2006年）、0.06亿m^3（1991年），究其原因，其一，出现气象干旱，降水量少所致；其二，水库调控使下游河流水情发生变化；其三，可能是水系结构变化及水系连通度下降所致。

表5-6　水系连通变异下各站点各年水文干旱次数

年份	新江口	沙道观	弥陀寺	康家岗	管家铺	年份	新江口	沙道观	弥陀寺	康家岗	管家铺
1990	0	5	5	6	5	2005	0	6	5	6	6
1991	6	6	7	7	6	2006	9	11	10	12	11
1992	5	6	7	8	8	2007	5	8	7	8	9
1993	6	5	6	8	6	2008	3	8	6	8	7
1994	8	8	8	10	8	2009	6	9	7	11	9
1995	4	8	8	8	8	2010	4	9	8	8	7
1996	6	7	7	7	8	2011	7	11	6	12	11
1997	8	11	9	10	9	2012	2	9	8	8	8
1998	8	8	7	7	7	2013	5	10	10	11	10
1999	3	4	3	7	6	2014	3	8	7	10	7
2000	4	6	6	6	6	2015	5	8	10	11	7
2001	6	8	8	9	8	2016	3	7	7	8	7
2002	5	9	8	9	8	2017	3	7	6	8	7
2003	6	9	10	7	8	小计	134	220	201	239	215
2004	4	9	5	9	8						

荆南三口河系径流主要以大气降水补给为主，受降水年际、年内分配不均匀及水利工程等人类活动的双重影响，该河系五站三河（松滋河、虎渡河、藕池河）属于典型的季节性河流，夏季水量丰沛，冬季稀少，11 月至翌年 4 月常出现断流，藕池河西支断流天数一年达到 267 d，季节性水资源短缺问题严重，旱灾频率增大，尤其是三峡水库运行后延长了断流时间，旱灾频发。据统计，荆南三口地区益阳市南县 2000～2016 年间干旱年份有 8 年，其中轻度干旱年 2000 年和 2004 年，中等干旱年 2001 年和 2005 年，严重干旱年 2006 年、2007 年、2011 年、2012 年，这主要是由藕池河西支断流与渠道涵闸失修等水系连通受阻所致。近 17 年来，南县累计农业受旱面积约为 12.47 万 hm^2，受灾 9.2 万 hm^2，成灾 6.83 hm^2，直接导致临时饮水困难人口约为 56 万人、大牲畜（牛、马等）约 30 万头，因旱造成农业经济损失约 7.5 亿元，粮食损失量约 5 亿 kg，城镇缺水量达 0.83 亿 m^3。

综上所述，水系连通变异下荆南三口地区存在不同程度的缺水，缺水量根据旱灾等级不同而不同，藕池河西支缺水量最大，受灾严重。

5.4 小　结

（1）荆南三口河系水文干旱历时、水文干旱强度以及水文干旱峰值的概率分布均可以用指数分布函数进行拟合，其水文干旱历时、水文干旱强度和水文干旱峰值 Copula 函数选用拟合程度最优的 Clayton Copula 函数。

（2）水系连通变异后荆南三口河系水文干旱连续发生次数增多，水文干旱特征出现不同程度的变化，水文干旱历时的最大值、平均值均呈增长趋势，水文干旱强度和水文干旱峰值的最大值、平均值和中位数也呈上升趋势，水文干旱历时增长，水文干旱强度增大，水文干旱峰值增高。

（3）各河流相同单变量重现期的二维联合重现期和同现重现期基本一致，不同单变量重现期的二维联合重现期和同现重现期变化也基本一致，各站点的相同单变量重现期下二维联合重现期在水系连通变异前基本上均比水系连通变异后长，二维同现重现期在水系连通变异前均比水系连通变异后短。水系连通变异前，新江口、沙道观、弥陀寺、康家岗、管家铺水文干旱历时与水文干旱强度（*ds*）、水文干旱历时与水文干旱峰值（*dp*）、水文干旱强度与水文干旱峰值（*sp*）只发生水文干旱特征一种的概率低于变异后，而同时发生的概率高于变异后。

（4）水系连通变异后，新江口、沙道观、弥陀寺、康家岗、管家铺 5 站点的水文干旱历时、水文干旱强度和水文干旱峰值都比变异基准期呈不同程度的增加，在相同单变量重现期的情况下，水文干旱历时时长更长，水文干旱强度更大，水文干旱峰值更高。

（5）水系连通变异后水文干旱特征的变化幅度与变异前存在差异，新江口单变量重现期（2 a）的水系连通变异前后水文干旱历时增加值比单变量重现期（10 a）多了 3 d，单变量重现期（2 a）的水系连通变异前后水文干旱强度增加值比单变量重现期（10 a）多 16.98 亿 m^3，水文干旱峰值少 157.03 亿 m^3/月。

（6）水系连通变异下荆南三口地区存在不同程度缺水，缺水量根据旱灾等级不同而不同，藕池河西支缺水量最大，受灾严重。枯水年（2006 年），荆南三口 5 站的缺水量分别为 13.82 亿 m^3、5.08 亿 m^3、6.50 亿 m^3、14.2 亿 m^3、9.81 亿 m^3。

第 6 章　水系连通变异对水资源态势的影响机制

第 4 章分析了水系连通变异下荆南三口地区水资源态势，揭示了水系连通度对水资源在年内、周期及趋势方面时空变化的影响。第 5 章剖析了水系连通变异下研究区水文干旱特征及缺水响应，水系连通度对水文干旱历时、水文干旱强度、水文干旱峰值以及缺水量产生严重影响，这意味着水系连通与水资源之间关系紧密，但水系连通与水资源之间相关程度及其相应的内在机制等问题目前尚未阐明，相关的研究成果极少。因此，开展水系连通变异下水资源态势及影响机制研究，能探明水系结构与水系连通之间的关系，厘清水系连通度与水资源系统之间的内在联系机制，有利于推动水系连通水循环理论、演变控制理论、优化配置理论、决策管理理论的研究，对丰富水系连通理论体系具有重要意义。同时，为实现荆南三口地区水资源与社会经济可持续协调发展，实施水系连通工程措施提供决策依据和技术指导。

6.1　水系结构、水系连通度与水资源作用机制

6.1.1　水系结构与水系连通度的关系

据前述水系连通度演变特征分析表明，荆南三口地区水系连通度具有显著的阶段性，总体呈显著下降趋势，各等级河流数量、河长、水面率、河频率、河网密度、河网发育系数、水系分维系数呈现不同程度递减规律。此外，利用皮尔逊(Pearson)相关系数分析水系结构各参数和水系连通度之间的关联性，由图 6-1 可见，荆南三口地区水系连通度与河网水系总河长、水面率、河频率、河网密度、河网发育系数及水系分维系数之间呈高度正相关，由线性拟合可以得出，水系连通度值在 0.013 8 ~ 0.185 7 范围内，水系连通度随河长、水面率、河频率、河网密度、河网发育系数与水系分维系数增加而增强，河长每增加 100 m 水系连通度增大 0.000 98，水面率每提升 1 个百分点水系连通度升高 0.001 45，河频率每 100 km^2增加 1 条河流水系连通度增大 0.002 68，河网密度增加 1 km/km^2水系连通度增大 0.003 1，河网发育系数增加 1 个单位水系连通度增大 0.002，水系分维系数增加 1 个单位水系连通度增大 0.002 5。上述现象表明水系连通度高低变化主要取决于河长、水面率、河频率、河网密度、河网发育系数与水系分维系数，这意味着河长越长、河道水体水量越多、河流数量越多、支流越多越长，水系连通度越高。因此，水系结构格局与形态发生变化一定会引起水系连通度产生相应改变，水系连通度评价指标或评判要素必须涉及各等级河流数量、河长、河宽、区域面积等参数。

水系结构特征单一参数与水系连通度呈正相关，但实际水系并非如理论一样，所有参数均同时增大或同时减小，故很难判断水系结构特征各参数大小不同、高低不等的水系连

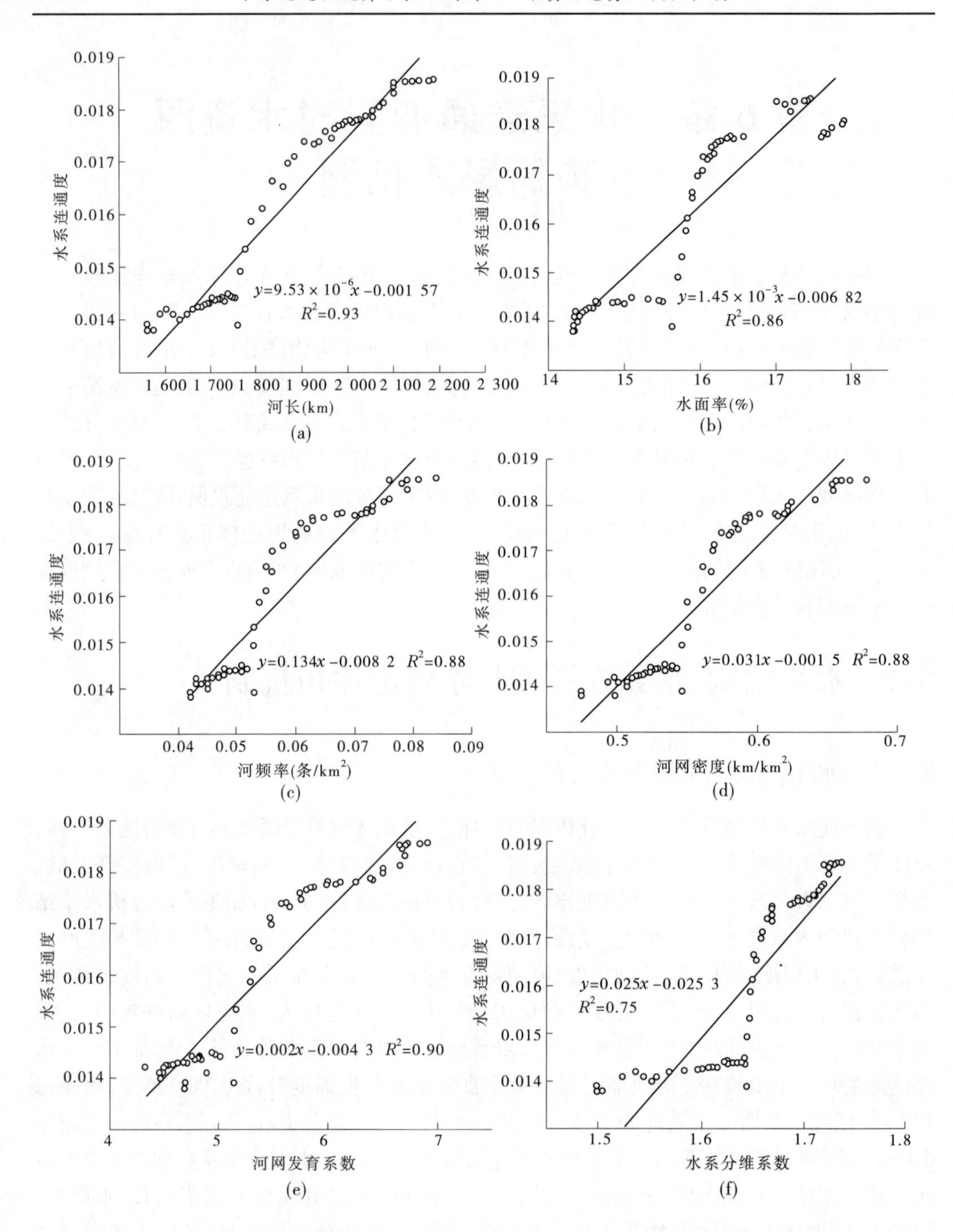

图 6-1　荆南三口水系 1956～2017 年连通度与水系结构参数相关关系

通度。因此,水系连通性评价研究已成为水科学领域的热点问题。水系连通性基础是结构连通性,其结果是水力连通性,无结构连通性谈水力连通,犹如空中楼阁。目前,南京大学一批专家、学者以水系结构为依据,按照图论的相关理论概化河网水系,图论连通性大小表示水系连通度,水系结构特征参数转化为结点平均连通度,即通过计算结点数、网络边数判断网络连通度,进而确定水系连通度,这意味着水系结构对水系连通度起着至关重要的作用。此外,夏敏等综合考虑图论、水流阻力、水力坡度、河网水系形状格局以及糙率系数等对水系连通度的影响,将河网密度、河网发育系数、实际结合度参数附加在水系格局连接度上,以权重的形式加权得出水系连通度;茹彪等从河道自然、社会属性角度出发,选用河流数量、河长、河宽等水系结构参数,结合河段重要程度、过水能力系数等指标,求算水系连通度。由此认为,水系结构特征决定水系连通度,水系连通度大小在很大程度上取决于结构连通度或水系格局连通度。

6.1.2　水系连通度与水资源的关系

通过皮尔逊(Pearson)相关性分析可以得到水系连通度与水资源量的相关系数为0.78,线性拟合斜率大于0,说明水系连通度与水资源量呈强正相关,意味着水系连通度越高,水资源量越多。与此同时,为了进一步厘清水系连通度与水资源的关系,通过SPSS和Origin计算水系连通度与荆南三口四站(新江口无断流)断流天数Pearson相关系数,由图6-2可知,水系连通度与松滋河东支、虎渡河、藕池河西支、藕池河东支断流天数呈高度负相关,表明水系连通度越低,河网水系断流天数越多;反之,断流天数越少。而断流时间长短与水资源量多少联系密切,即断流时间越长,水资源量越少;反之亦然,则水系连通度越低,水资源量越少。由此认为,水系连通度制约着水资源量,影响水资源配置能力。

水系连通度与水资源息息相关,对水资源统筹调配能力、抵御水旱灾害能力以及河湖水生态环境产生重大影响。水系连通度是河流与河流之间水体连续流动的程度。水系连通程度高低对河流水位涨落、调蓄能力强弱以及水资源丰枯影响较大。一般情况下,有主干河道连通的站点,其水系连通度较高,站点间相互联系强,且水位差较小;反之,无主干河道连通的站点,其水系连通度较低,站点间相互联系弱,且水位差大。水系流通度高的河流连通良好,良好的水系连通具有合理的水系格局,可以增强水资源的输送、流通和补给,从而提高流域水资源的调配与保障能力,在一定程度上一定区域范围内解决水少问题。同时,水系连通度高的河流可以为洪水提供更加宽阔蓄泄空间和通畅的出路,有效降低洪涝灾害对水系结构的破坏,将洪水转化为水资源,保障防洪安全,从而提高水系调蓄能力,在一定程度上一定区域范围内解决水多问题。水系连通度高的河流能够加强河流与河流之间的连通与连续,增强了水力联系,强化水体更新能力和自净能力,从而提高水体自我修复能力,改善水生态系统水环境状况,保障区域水环境安全,增强水环境承载能力,在一定程度上一定区域范围内解决水脏问题;反之,水系连通度低的河流使区域性水多、水少和水脏等三大水资源问题日益严重。由此认为,水系连通度与水资源相关较强,其大小对水多、水少和水脏等水资源问题产生巨大的影响,水系连通度制约着水资源量和质,影响水资源配置、调蓄能力以及净化能力。

6.1.3　水系结构、水系连通度与水资源的作用机制

水系结构是流域内大小不同、长度不一脉络相同的河流形成水系的排列与组合形式,表征一个区域的天然或人工水道网的平面轮廓或展布规律。水系结构是衡量水系连通度高低的基础,只有水系结构达到一定的连通水平,其水系连通度才能评价。水系结构复

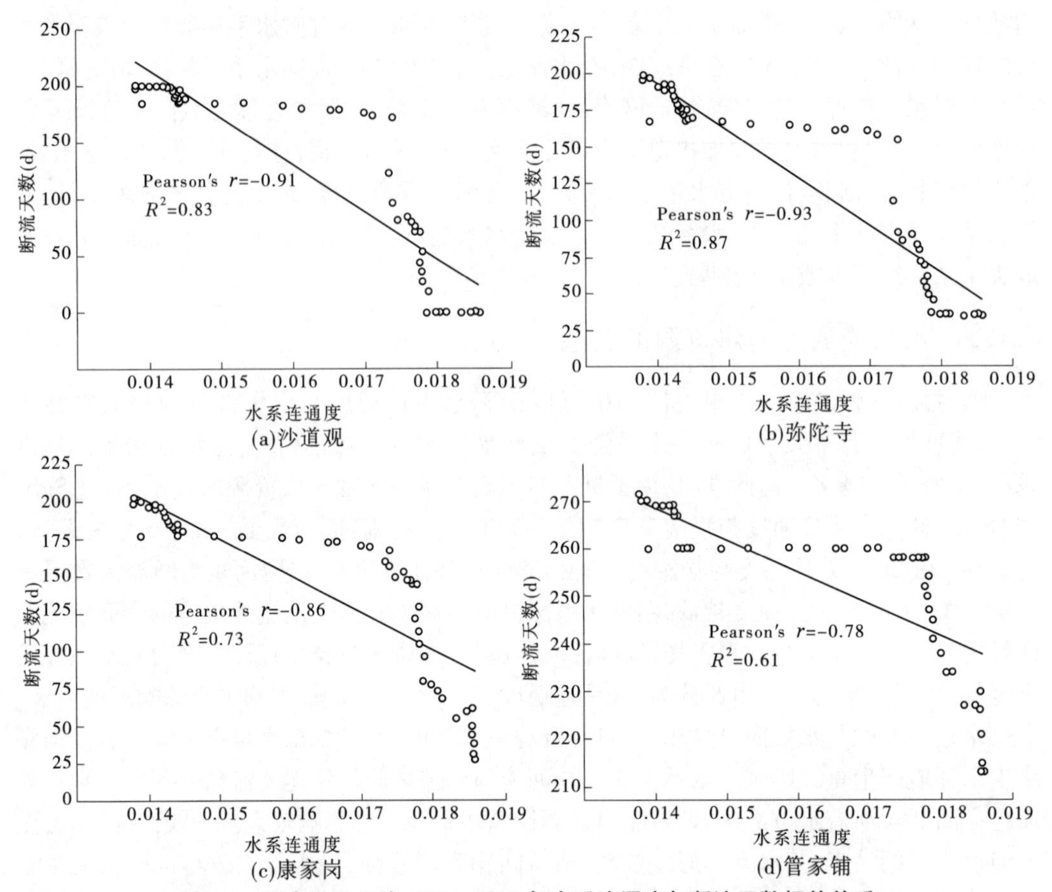

图 6-2　荆南三口四站 1956～2017 年水系连通度与断流天数相关关系

杂,主干支流多,河流长度长,河链数、结点数多,水系连通度强。同一水系中,低等级河道越多,水系结构越复杂,水系连通度越高,可调蓄洪水容量比例越大,水资源配置与调蓄能力越强。因此,水系结构特征决定水系连通度。

水资源是可以利用且又逐年能够得到恢复和更新的那部分淡水,其储存空间多为河道,这些大小不同、长度不一、脉络相同的河道与水流形成水系。那部分可恢复和更新的水如何参与水循环,持续不断,主要在于水系结构,故水系结构承载着水资源,是人水关系的主要媒介。另外,水多、水少及水脏会改变水系结构,洪水会冲毁河道,抬高河床,增加河长,增多河流数量,扩大河宽等;枯水缩短河长,减小河流数量,缩小河宽,小支流干涸等。由此可见,水系结构、水系连通度与水资源之间关系密切,相互作用、相互影响,其作用机制见图 6-3。

综上所述,水系结构是衡量水系连通度高低的基础,水系结构特征决定了水系连通度大小,水系连通度反映水系结构特征与布局,水系连通度与水资源息息相关,水系连通度制约着水资源量和质,影响水资源配置和调蓄能力,水系结构承载水资源,水资源改变水系水力连通能力。

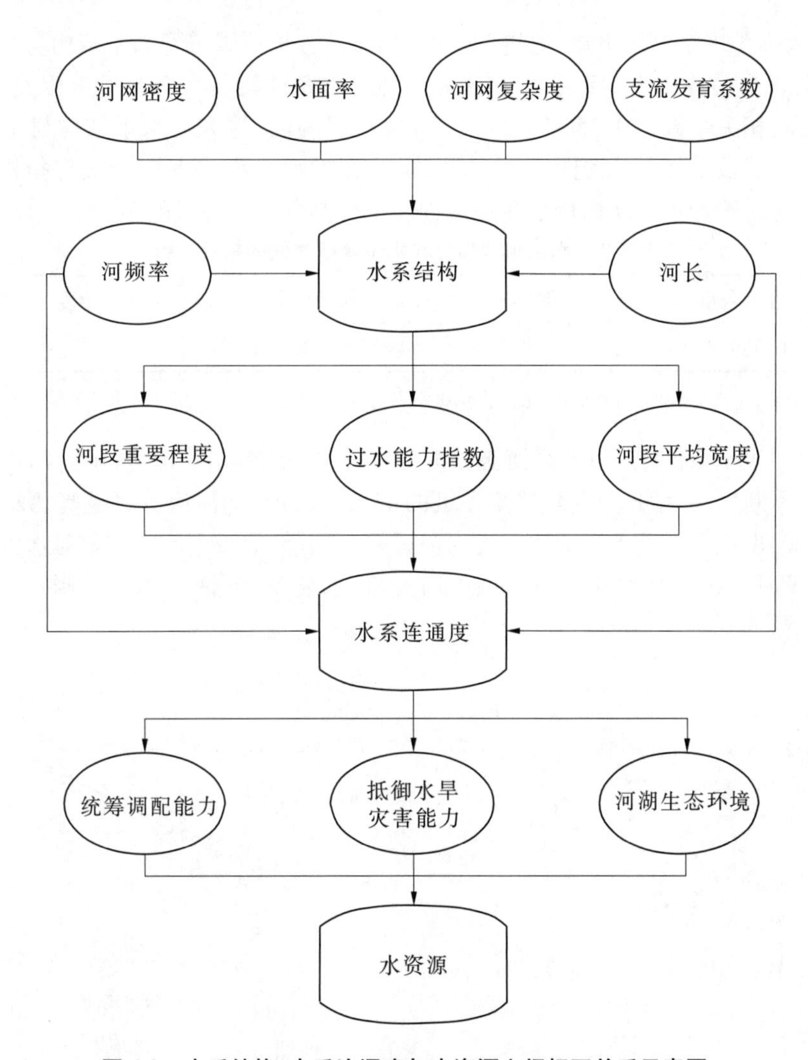

图6-3　水系结构、水系连通度与水资源之间相互关系示意图

6.2　水系连通变异对水资源量的影响

为了分析水系连通度对水资源的影响，根据水系结构、水系连通度与水资源的作用机制，分别剖析水系结构、水系调蓄能力、水系连通度与水资源量的关联性，然后系统分析水系结构、水系调蓄能力、水系连通度对水资源量的影响。

6.2.1　水系结构对水资源量的影响

为了分析水系结构对水资源的影响，选取荆南三口水系的水系结构参数和水资源量，运用Pearson相关系数法判断水系结构各参数和水资源的关联强度，然后分析水系结构对水资源的影响。

选取研究区河流数量、河长、河网密度、水面率、支流发育系数、河网复杂度和水系分维数7个指标为水系结构参数,通过Pearson相关性分析可以得到水系结构与水资源的相关系数(见表6-1)。由表6-1可知,荆南三口地区水系结构与水资源呈正相关关系,且相关程度较高,相关系数在0.75以上,在99%置信区间内,这表明水系结构与水资源之间关系密切,河流数量、河长、河网密度、水面率、支流发育系数、河网复杂度等指标与水资源相关性强,这意味着水系结构特征在一定程度上控制着水资源量的多少。

表6-1 水系结构指标和水资源量之间的相关系数

指标	河流数量	河长	河网密度	水面率	支流发育系数	河网复杂度	水系分维数
水资源量	0.839**	0.822**	0.831**	0.848**	0.854**	0.791*	0.766*

注: *表示在0.05水平上显著相关,**表示在0.01水平上显著相关。

由图6-4可知,荆南三口地区河流数量与水资源呈线性增长趋势,随着河流数量的增加,水资源不断增多,增长速度随河流等级的增大而增加,即河流等级越高,数量越多,水资源越丰富,也就是干流水资源比支流水资源多,说明低等级河流的数量对水资源的影响小于高等级河流数量的影响,相同等级的河流,其水量多少受河流数量控制。

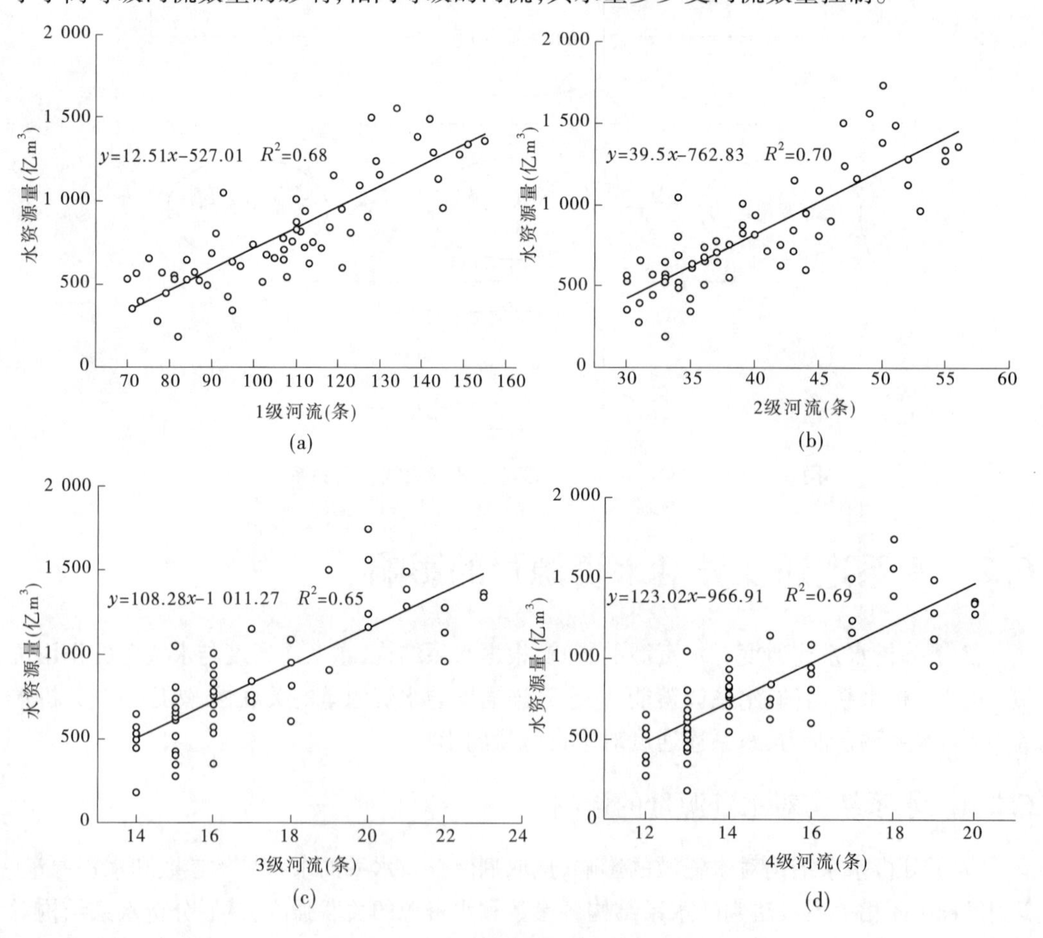

图6-4 河流数量和水资源量之间的关系

由表 6-2 可知,河长、河网密度、水面率、支流发育系数、河网复杂度 5 个水系结构指标与水资源呈线性增长,即河长越长,河网密度越大,水面率越高,支流发育系数越大,河网复杂度越复杂,水资源越多。据斜率大小,可以看出上述指标对水资源的影响程度的增加率存在差距,河网密度影响大,水面率、支流发育系数、河网复杂度影响次之,河长影响较小,这表明区域水系密集,河网密度高,高等级河流水量多,水资源分布广泛,水资源就丰富,近 60 年来,荆南三口地区修建水闸、堤垸合并、平垸行洪、田园化、退田还湖等各种水利工程以及下荆江裁弯取直工程,促使天然水系结构遭受破坏,水系结构向单一化方向发展趋势,这正是导致该地区水资源下降的症结所在。

表 6-2　水系结构指标和水资源量之间的线性拟合

耦合变量	表达式	相关系数(R^2)
水资源量与河长	$y = 1.25x - 1\,520.98$	0.68
水资源量与河网密度	$y = 3\,964.29x - 1\,480.52$	0.72
水资源量与水面率	$y = 223.64x - 2\,583.62$	0.66
水资源量与支流发育系数	$y = 291x - 759$	0.75
水资源量与河网复杂度	$y = 49.26x - 590.21$	0.69

6.2.2　水系调蓄能力对水资源量的影响

基于对水系调蓄能力定义与内涵,兼顾研究区数据的可获取性,选取研究区槽蓄容量、可调蓄容量、单位面积槽蓄容量、单位面积可调蓄容量 4 个指标为水系调蓄能力参数,通过 Pearson 相关性分析可以得到水系结构与水资源量的相关系数(见表 6-3)。由表 6-3 可知,荆南三口地区水系调蓄能力与水资源量呈高度正相关关系,相关系数在 0.8 以上,在 95% 置信区间内,这表明水系调蓄能力与水资源关联性极高,可调蓄容量、单位面积可调蓄容量指标与水资源量相关性非常强,这说明水系调蓄能力对水资源量的影响尤为突出。

表 6-3　水系调蓄能力指标和水资源量之间的相关系数

指标	槽蓄容量	可调蓄容量	单位面积槽蓄容量	单位面积可调蓄容量
水资源	0.81*	0.96**	0.81*	0.96*

注: * 表示在 0.05 水平上显著相关, ** 表示在 0.01 水平上显著相关。

由图 6-5 可知,荆南三口地区水资源随水系调蓄能力增加而增加,可调蓄能力增加主要受可以连续最大限度所承载水体的总容量大小的控制,单位面积可调蓄能力除受河网槽蓄容量影响外,还与区域面积呈负相关。根据可调蓄容量与单位面积可调蓄容量的定义可知,可调蓄容量与单位面积可调蓄容量越大,径流储存的空间越大,蓄水越多,水资源越丰富。

6.2.3　水系连通度对水资源量的影响

由前述分析可知,荆南三口水系连通度与水资源的相关系数为 0.78,说明水系连通

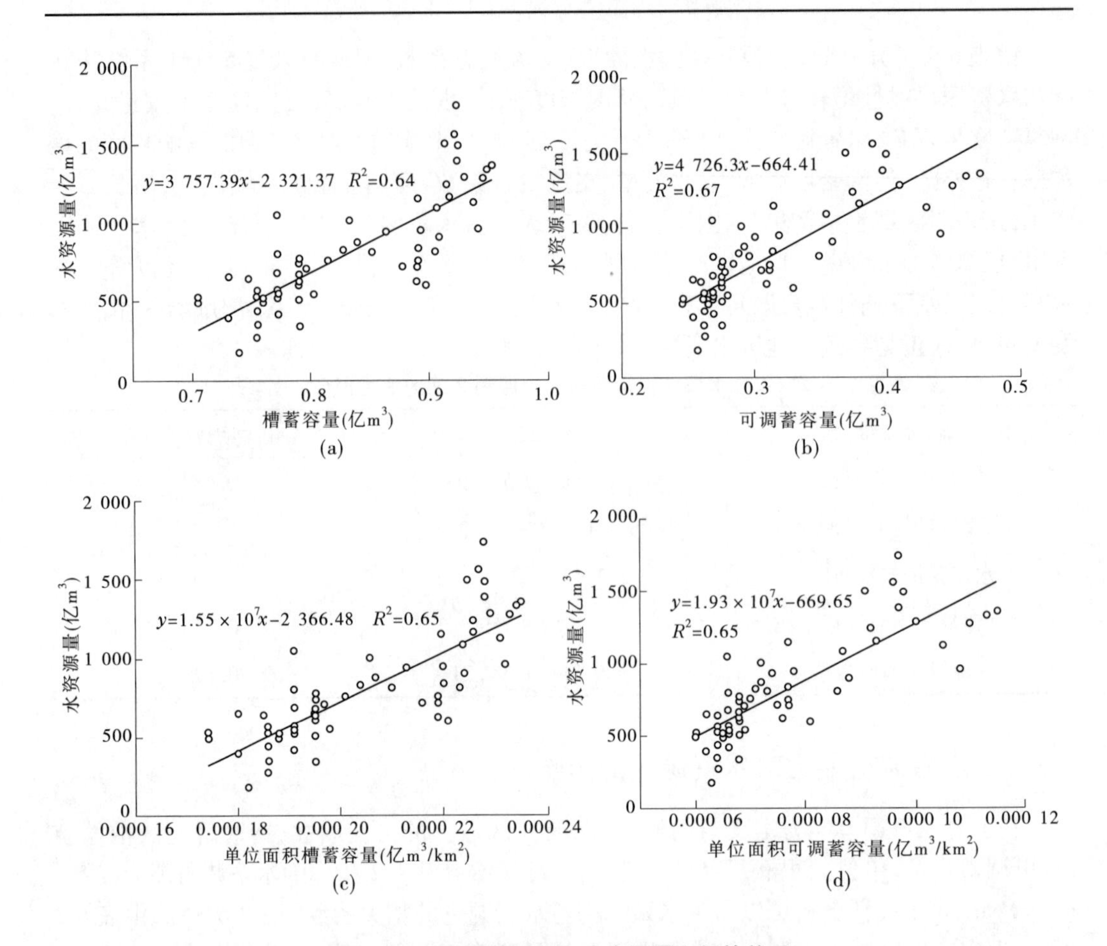

图 6-5　水系调蓄能力和水资源量之间的关系

度与水资源的强正相关性，意味着水系连通度越高，水资源越多。水系连通度是河流与河流之间水体连续流动的程度，水系连通度越高，说明水系结构越完整，河流与河流之间的水体连续性越高，可调蓄容量、单位面积可调蓄容量越大，自净能力越强，解决区域水多、水少和水脏途径越多，水资源配置和调蓄能力越强，水资源自然是丰富的。1989 年以来，水系连通度降低（变异）使荆南三口水系水资源年内分配更加不均匀，冬季水资源量更匮乏，枯水期水资源量普遍偏少，藕池河东支连续 5 个月断流。同时，相同时间尺度丰枯交替变化振荡次数增多，新江口单变量重现期（2 a）的水系连通变异前后水文干旱历时增加值比单变量重现期（10 a）多了 3 d，单变量重现期（2 a）的水系连通变异前后水文干旱强度增加值比单变量重现期（10 a）多 16.98 亿 m³，水文干旱峰值少 157.03 亿 m³/月。

综上所述，河流水系不仅是水资源的载体，更是物质能量传递、水资源统筹调配、水环境改善及防洪、除涝等的媒介。河流水系连通度大小不仅影响到防洪和除涝能力、供水和灌溉条件及水体自净能力等，更影响到区域经济社会的发展模式及格局，其主要功能在于解决水多、水少和水脏的问题。河湖水系连通度大可以有效地调整和改善水资源的分布与经济社会发展布局的统一性，不断增强水资源对经济社会发展的配置和保障能力，解决缺水地区的水少问题，保障国家的粮食安全；河湖水系连通度大可以有效地降低洪涝灾害造成的损失，通过提供洪水通畅的通道，增强洪水蓄滞空间，解决一定区域的水多问题，保障防洪安全；河湖水系连通度大还可以通过增强河湖水系之间的水力联系，增加水体的更新能力，提高水体的自净能力，有效地解决水脏的问题，保障水质安全。水多、水少和水脏的问题得以解决，则水资源承载力将有所提高，实现水资源的可持续利用。

6.3 小　结

（1）水系结构特征决定水系连通度，水系连通度大小在很大程度上取决于结构连通度或水系格局连通度。三口地区水系连通度与河网水系总河长、水面率、河频率、河网密度、河网发育系数及水系分维系数之间呈高度正相关，Pearson 相关系数大于 0.8，在 95% 的置信区间内。

（2）水系连通度与水资源息息相关，Pearson 相关系数为 0.78，水系连通度与水资源量呈强正相关。水系连通度对水资源统筹调配能力、抵御水旱灾害能力以及河湖水生态环境产生重大影响，提高水系连通度能够解决水多、水少和水脏的问题。

（3）水系结构、水系连通度与水资源之间存在相互影响、相互制约的关系。水系结构特征决定水系连通度，水系连通度反映水系结构特征与布局，水系连通度制约着水资源量和质，影响水资源配置、调蓄和自净能力，水系结构承载水资源，水资源改变水系水力连通能力。河流水系连通度高不仅能有效地保护和改善河流自然生态环境，而且能不断提高水资源统筹配置能力，甚至能增强水资源的开发利用及保障能力。

（4）水系连通度下降，水系结构发生改变，各等级河流数量、河长、水面率、河频率、河网密度、河网发育系数、水系分维系数呈现不同程度的递减，槽蓄容量、可调蓄容量、单位面积槽蓄容量、单位面积可调蓄容量减少，调蓄能力下降，水资源量减少，甚至河网水系出现断流。

第 7 章　水系连通变异对荆南三口流域水资源开发利用的影响

安全水资源是人类得以生存与发展必不可少的基础性自然资源,也是经济发展和社会进步的战略性经济资源,是维持生态环境良性循环和自我恢复的基础保障,也是体现一个国家综合国力的重要指标之一。因此,科学研究水文变化、水资源开发利用和保护一直受到水文水资源科学领域相关学者的密切关注。水资源承载的载体是河湖水系,河湖水系连通状况与径流的变化和水资源量相互作用,密切相关。近 10 年来,由于气候变化和人类活动的双重压力,流域水系连通状况受到深远的影响,尤其是城市化对水系连通变化的影响,水系连通发生变化必然引起径流特征变化,进而影响水资源的开发利用。由此可见,水系连通状况与水资源开发利用之间关系密切,但目前极少有揭示出水系连通状况与水资源开发利用规律的研究成果。

长江荆南三口水系既是连接长江中游的重要纽带,也是沟通长江水与洞庭湖的水流通道。已有研究结果表明,长江荆南三口水系 2016 年水系连通性、水系连通环度、节点连接率、水文连通性、水系连通度均在 1955 年的基础上有所减少,以节点连接率下降尤为突出。环境变化下荆南三口水系年径流量呈下降趋势,整体干旱频率偏高且干旱事件发生的次数增多,水文干旱历时增长,水文干旱强度增大,水文干旱峰值增高,荆南三口水系连通性的变化与该地区水资源开发利用之间会存在怎样的关系呢? 识别水系连通变异对流域水资源开发利用的影响,将有利于正确地认识水系连通状况与流域水资源之间的相互关系,进而有利于从水系连通的角度来解决水资源配置问题。

因此,本章运用 M - K 趋势检验法和 Sen' s slope 趋势变化强度分析水系连通变异下荆南三口流域水位演变情势,利用算术平均法、最大值函数、最小值函数、离差系数、年际极值比、不均匀系数等识别水系连通变异下荆南三口年径流量情势变化,然后从水资源量、水文干旱、水资源开发利用角度探讨水系连通功能变异对荆南三口流域水资源开发利用的影响。本书研究为荆南三口流域径流演变规律、来水预报、防洪,实施河湖水系连通工程,水资源合理配置、生态环境保护以及经济社会发展提供理论依据。

7.1　区域概况与研究方法

7.1.1　研究区域概况

荆江是指长江干流枝城站(湖北省宜都市)至城陵矶河段(湖南省岳阳市)的总称,全长约为 360 km,分为上荆江和下荆江,其南岸的松滋、虎渡和藕池三口(调弦口于 1958 年堵口),习惯上称为荆南三口水系,主要分泄长江水沙补给洞庭湖。荆南三口水系总面积约为 4 150 km^2,主要河流有松滋河东支、松滋河西支、虎渡河、藕池河东支、藕池河西支,可划分5个等级,2016年5级河流4条、4级河流12条、3级河流16条、2级河流30条、1级河流70条。近60 a来,由于受气候变化和以水利工程为主的人类活动的影响,荆南三口水系结构连通性、水系水力连通性发生各种变化,从而导致该水系水文情势日趋复杂,造成荆南三口地区出现水资源短缺问题。

7.1.2　数据来源

本书数据主要采集新江口、沙道观、弥陀寺、管家铺、康家岗等5个水文站点1956～2017年实测的月径流量、水位作为研究的基础数据,其中1956～2009年月流量、水位数据主要来源于长江水利委员会, 2010～2017年月流量、水位数据主要来源于湖南省水利厅和湖南省水情综合日报表。

7.1.3　研究方法

为了有效分析水系连通变异下荆南三口流域水位、流量演变规律及其对水资源开发利用的影响机制,本书以水系连通变异时间为节点,将1956～2017年时间序列划分为两个时段:1956～1989年(基准期),1990～2017年(变异期)。

水文现象具有显著的随机性或不确定性,为便于揭示水系连通变异对荆南三口地区水资源开发利用的影响程度,通过计算新江口、沙道观、弥陀寺、管家铺、康家岗等5个站点1956～1989年径流序列的经验频率为25%、50%和95%所对应年份分别代表水系连通变异前的丰水年、平水年和枯水年,1990～2017年径流序列的经验频率为25%、50%和95%所对应年份分别代表水系连通变异下的丰水年、平水年和枯水年。

7.2　水系连通变异下荆南三口水文情势演变特征

7.2.1　水系连通变异下荆南三口流域水位演变情势

采用M－K趋势检验法计算出水系连通变异前后荆南三口流域年平均水位、年最高水位、年最低水位M－K统计量Z值、趋势大小的倾斜度β值。由表7-1可知,水系连通变异前后荆南三口年平均水位统计量Z值均为负,意味着年平均水位总体呈下降变化趋势,但此变化趋势不显著;年最高水位由不显著下降趋势变为显著下降趋势,下降速率由0.13 m/10 a增至0.61 m/10 a;年最低水位由不显著下降趋势变为显著上升趋势。由此表明,水系连通变异下荆南三口年平均水位演变情势与基准期相似、变化不大,年最高水位下降趋势显著且下降快,年最低水位变化趋势影响显著。由此认为,水系连通变异下荆南三口特征水位变化趋势显著,年平均水位降低,年最高水位、年最低水位年际相差增大,易造成旱涝灾害,对水资源开发利用产生消极影响。

表 7-1 水系连通变异下荆南三口流域特征水位 M－K 趋势变化

特征水位	1956～1989 年			1990～2017 年		
	统计量 Z	Alpha	倾斜度 Beta	统计量 Z	Alpha	倾斜度 Beta
年平均水位	－1.334 2		－0.020 5	－1.679 3		－0.017 4
年最高水位	－0.978 4		－0.013	－2.074 4	0.05	－0.061 4
年最低水位	－0.415 1		－0.009	3.220 3	0.01	0.236 5

7.2.2 水系连通变异下荆南三口径流量变化特征

为了识别水系连通变异下荆南三口年径流量情势变化，利用算术平均法、最大值函数、最小值函数、离差系数、年际极值比、不均匀系数计算研究区径流变化特征值。结果表明，变异下荆南三口多年平均径流量 540.20 亿 m^3 比变异前 1 004.65 亿 m^3 少 464.45 亿 m^3，年径流量最大值少 693.03 亿 m^3，最小值少 362.48 亿 m^3，这意味着水系连通变异下荆南三口年径流量较少，不利于水资源开发利用；变异前研究区年径流量离差系数、年际极值比、不均匀系数为 0.308 1、3.18、1.05，变异后为 0.307 5、5.71、1.22，说明变异下年径流量年际变化幅度大，年内分配不均匀，意味着流量不稳定，易形成洪涝灾害，对水资源开发利用产生不利影响。由此可见，水系连通变异下荆南三口年径流量较小，变化幅度大且年内分配不均匀，开发利用难度增大。

7.3 水系连通变异对荆南三口地区水资源开发利用的影响

7.3.1 水系连通变异对荆南三口地区水资源量的影响

水系连通是河湖水系上保持流动水流和脉络相通的通道，在一定程度上反映河湖水系连通状况和水流的连续性，承载着水资源，其水系连通程度对水资源多寡具有一定的指示作用。鉴于此，根据 1956～2017 年荆南三口四站（新江口无断流）断流天数与水系连通度数据，计算出断流天数与水系连通度的 Pearson 相关系数为 0.78，这表明，水系连通度与水资源量关系密切，即荆南三口水资源变化受水系连通程度的影响。由河流数量、河长、河网密度、水面率、支流发育系数、河网复杂度、水系分维数与水资源的相关系数可知，表征水系连通状况的 7 个水系结构参数在一定程度上对水资源量产生极其重要的影响。

通过计算水系连通变异前后径流序列的经验频率，选取 1966 年、1959 年、1972 年分别代表变异前的丰水年、平水年和枯水年，1996 年、2008 年、1994 年分别代表变异后的丰水年、平水年和枯水年。将水系连通变异前后荆南三口流域典型年月径流量和年径流量做对比分析，结果表明，水系连通变异下，荆南三口流域丰水年、平水年、枯水年年径流量分别减少 522.06 亿 m^3、416.26 亿 m^3、251.20 亿 m^3，这意味着研究区典型年水资源量减少同等数量,其原因除与三口流域同期降雨偏少密切相关外,与河流数量减少、河长缩短、河网密度减小、水面率降低等存在很大关系。从典型年月径流量来分析,水系连通变异下,三口流域丰水年7月月径流量增加7.28亿m^3,其余月份月径流量均为减少,其中9月减少了258.46亿m^3,月径流量小于1亿m^3的月份由1个增至4个,且最小值由0.81亿m^3(3月)减至0.07亿m^3(1月);平水年9月、11月两个月月径流量增加,其余月为减少,其中3月、4月、5月、6月、7月、8月、10月月径流量降幅达到10亿m^3以上,有的月甚至超过100亿m^3,1~3月月径流量均小于0.5亿m^3;枯水年2月、10月、12月三个月月径流量增加,其余9个月月径流量为减少,月径流量最大值均未超过100亿m^3,1~3月月径流量均小于0.15亿m^3,4月、5月、11月、12月月径流量在3.9亿~8.9亿m^3。由此认为,水系连通变异下荆南三口流域年径流量呈下降趋势,不同典型年减少程度不同,枯水年年内水资源调配激烈(3次增加),月水资源量偏少,平水年次之(2次增加),月水资源量较变异前降幅大,丰水年一般(1次增加),月水资源量年内变化幅度大。从水资源开发利用的角度上讲,水系连通变异下荆南三口流域水资源开发利用难度增大,年际、年内需合理配置。

7.3.2　水系连通变异对荆南三口河系水文干旱的影响

水文干旱是指河川径流低于其正常值的现象,表征可利用水量在特定面积、特定时段内的短缺。如果在一段时期内,流量持续低于某一特定的阈值,则认为发生了水文干旱,水文干旱的发生对水资源开发利用带来严重的冲击。运用游程理论定量识别出荆南三口河系水文干旱特征变量,即水文干旱历时、水文干旱强度和水文干旱峰值,对比分析水系连通变异前后水文干旱特征变量(见表7-2)。结果表明,水系连通变异下荆南荆南三口河系水文干旱次数呈增长趋势,不同河系其增长幅度不同,松滋河东支水文干旱次数由34年62次增至28年134次,松滋河西支由71次增至220次,虎渡河由76次增至201次,藕池河东支由233次增至239次,藕池河西支由107次增至215次;水文干旱历时增长,较高水文干旱历时频次增大,平均水文干旱历时增大,以藕池河东支康家岗为例,水文干旱历时最大值从13个月增至19个月,9个月水文干旱历时频次增多,10个月、15个月水文干旱历时开始出现,水文干旱历时平均值和中位数从6个月增至7个月;水文干旱强度和水文干旱峰值增加,最大值、平均值和中位数均呈上升趋势。由此可见,水系连通变异下荆南三口河系水文干旱次数增多,水文干旱历时增长,较高水文干旱历时频次和平均水文干旱历时增大,水文干旱强度和水文干旱峰值增多,这意味着出现水文干旱事件的频次概率增大,时间增长,缺水量增多,水资源短缺问题严峻,对水资源开发利用造成负面影响。

7.3.3　水系连通变异对荆南三口河系水资源开发利用的影响

随着水系连通性在20世纪90年代发生明显变异,荆南三口松滋河东支、松滋河西支、虎渡河、藕池河东支、藕池河西支五河系变异后平均径流量比变异前有着不同程度的减少,这势必对水资源开发利用造成一定影响。鉴于此,为定量识别水系连通对荆南三口不同河系水资源开发利用的影响,本书将从变异前后不同河系径流量变化趋势、断流天数变化过程视角做进一步探讨。

表 7-2　水系连通变异前后荆南三口河系水文干旱特征变量

水文站点	统计特征	1956~1989 年			1990~2017 年		
		水文干旱历时（月）	水文干旱强度（亿 m^3）	水文干旱峰值（亿 m^3/月）	水文干旱历时（月）	水文干旱强度（亿 m^3）	水文干旱峰值（亿 m^3/月）
新江口	最大值	7	186.06	164.30	9	1 344.00	407.76
	最小值	1	0.04	0.04	1	0.22	0.18
	平均值	2	53.06	44.31	2	157.59	85.72
	中位数	1	15.76	14.66	2	47.95	40.84
沙道观	最大值	9	105.86	79.79	13	563.02	171.98
	最小值	1	0.39	0.10	1	0.10	0.10
	平均值	3	20.72	18.08	4	78.30	43.93
	中位数	3	0.99	0.79	4	15.07	14.53
弥陀寺	最大值	9	136.55	80.42	11	792.79	259.73
	最小值	1	0.30	0.30	1	0.30	0.25
	平均值	3	26.87	18.08	4	107.62	55.40
	中位数	3	1.24	0.35	3	29.64	29.64
康家岗	最大值	13	24.22	12.55	19	107.91	55.41
	最小值	1	0.07	0.07	1	0.21	0.21
	平均值	6	3.02	1.97	7	21.17	11.25
	中位数	6	0.46	0.07	7	3.02	1.66
管家铺	最大值	8	281.18	211.00	13	978.05	343.88
	最小值	1	0.32	0.32	1	0.05	0.05
	平均值	3	38.11	28.88	4	144.02	75.94
	中位数	3	1.30	0.32	3	17.50	17.50

由图 7-1 可知，水系连通变异下荆南三口五河系径流量呈不均匀下降趋势，各河系多年平均径流量大小的位置除藕池河西支有影响外，其余保持不变，从大到小依次为松滋河东支、藕池河西支、虎渡河、松滋河西支、藕池河东支，说明水系连通变异对荆南三口五河系径流量影响具有同向性，无选择性影响。根据各站径流量变化过程线可知，水系连通变异后，松滋河东支年径流量由在 300 亿 m^3 上下波动变为呈递减变化趋势，年径流量最低值为 84.12 亿 m^3；松滋河西支年径流量递减率比变异前降低，但在变异前的基础上持续递减，其径流量最低值仅为 4.42 亿 m^3；虎渡河年径流量变异后在变异前的基础上增加下降率持续递减，年际变幅较大，最大年径流量达到 180 亿 m^3，最小值只有十几亿立方米；

藕池河东支年径流量本身就只有50亿m^3,变异后在变异前的基础上减小下降率持续递减,使得有的年份年径流量低于0.5亿m^3;藕池河西支由递减变化趋势变为弱增加趋势,但总体还是低于变异前,年径流量高于藕池河西支、虎渡河、松滋河东支,低于松滋河东支。水系连通变异下荆南三口五河系年径流量地区分配不均衡,年际相差大,对荆南三口河系流域内水资源开发利用极为不利。主要表现在:一是枯水年可开发利用的水资源减少,且河系之间差异较大,松滋河东支1994年径流量168.1亿m^3,松滋河西支径流量29.44亿m^3,虎渡河径流量76.45亿m^3,藕池河东支径流量2.231亿m^3,藕池河西支67.47亿m^3,季节性缺水问题突出;二是受地形因素限制,荆南三口地区兴建提、引水水利工程不能有效解决工程性缺水问题。

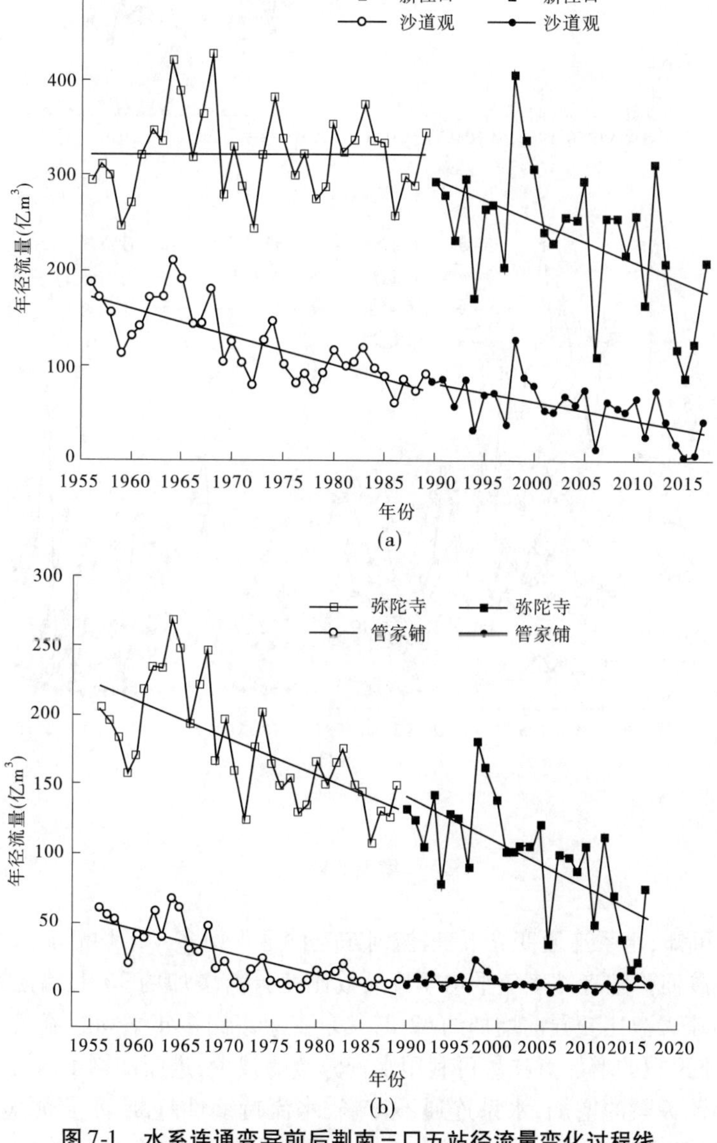

图7-1 水系连通变异前后荆南三口五站径流量变化过程线

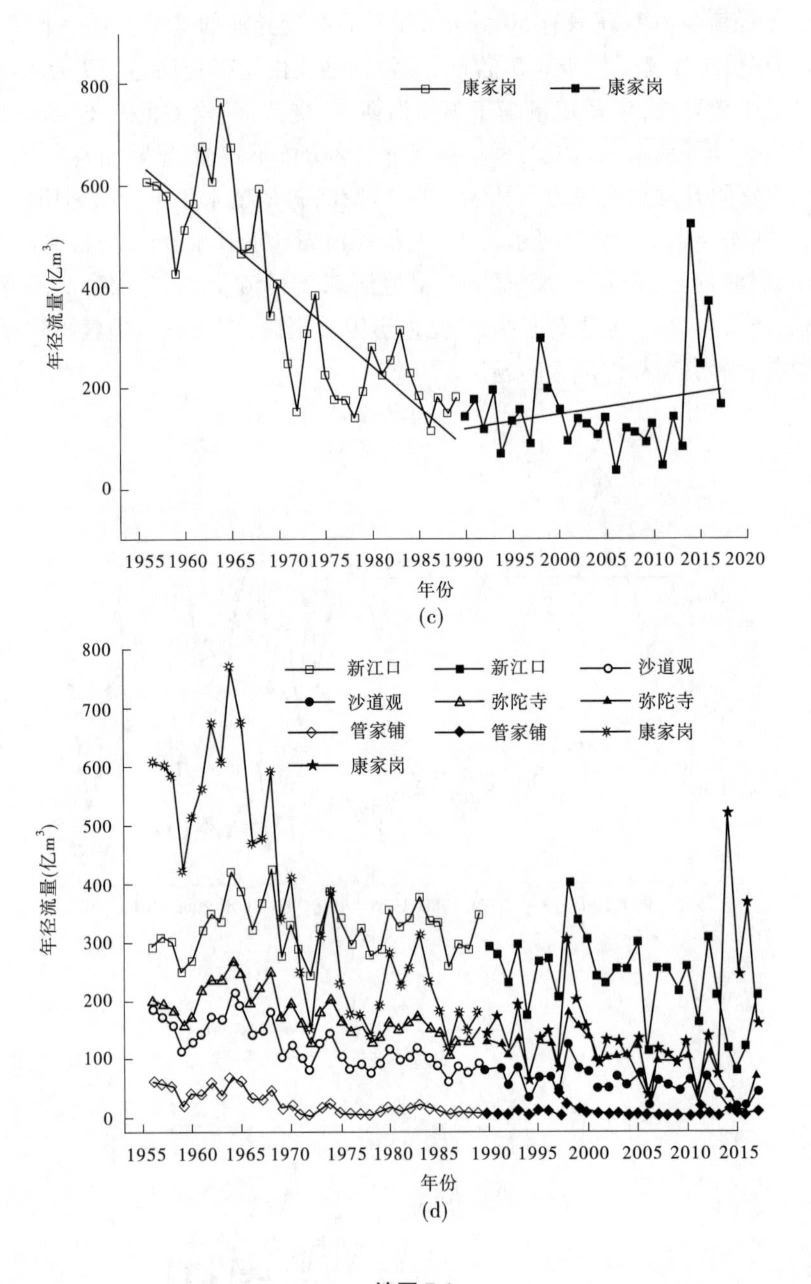

续图 7-1

由图 7-2 可知,水系连通变异下,松滋河东支沙道观站多年平均断流天数比变异前增加约 63 d;虎渡河弥陀寺站多年平均断流天数比变异前增加约 90 d,藕池河西支管家铺站多年平均断流天数比变异前增加约 62 d,其东支康家岗多年平均断流天数比变异前增加约 18 d,断流天数的增加意味着可利用水资源量的减少,进而加剧了水资源开发利用的难度。随着断流天数的增加,水系连通不流畅,水流持续性打断,水资源短缺现象严重。据统计,藕池河西支管家铺站 11 月至翌年 4 月常出现断流,一年中断流天数达到 267 d,

季节性水资源短缺问题凸显,旱灾频发,尤其是水系连通变异后断流时间的延长,使得旱灾频率增大。

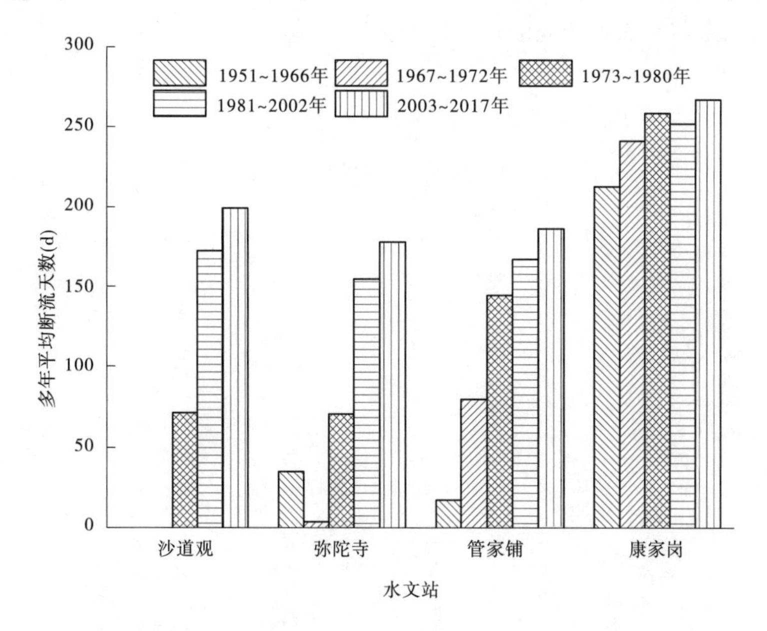

图7-2 荆南三口四站(新江口无断流)不同时段平均断流天数对比

7.4 小 结

(1)水系连通变异下荆南三口特征水位变化趋势显著,年平均水位降低,年最高水位、年最低水位年际相差增大,年径流量较小,变化幅度大且年内分配不均匀,易造成旱涝灾害,对水资源开发利用产生消极影响。

(2)水系连通变异下荆南三口流域年径流量呈下降趋势,不同典型年减少程度不同,枯水年年内水资源调配激烈(3次增加),月水资源量偏少,平水年次之(2次增加),月水资源量较变异前降幅大,丰水年一般(1次增加),月水资源量年内变化幅度大。从水资源开发利用的角度上讲,水系连通变异下荆南三口流域水资源开发利用难度增大,年际、年内需合理配置。

(3)水系连通变异下荆南三口河系水文干旱次数增多,水文干旱历时增长,较高水文干旱历时频次和平均水文干旱历时增大,水文干旱强度和水文干旱峰值增多,这意味着出现干旱事件的频次概率增大,时间增长,缺水量增多,水资源短缺问题严峻。

(4)水系连通变异下荆南三口五河系年径流量地区分配不均衡,年际相差大,松滋河东支1994年径流量168.1亿m^3,松滋河西支径流量29.44亿m^3,虎渡河径流量76.45亿m^3,藕池河东支径流量2.231亿m^3,藕池河西支径流量67.47亿m^3,对荆南三口河系流域内水资源开发利用极为不利。

诸多研究者聚焦于气候变化与人类活动对径流或水资源的影响,本书主要探讨了水系连通变异对水资源开发利用的影响,扩展了水文水资源的研究视野。水系连通性、水系结构与水资源之间关系密切,因此水系结构与水系连通性的关系,以及水系连通与水资源关联性等将是未来需要深入研究的科学问题。

第 8 章　基于荆南三口地区水资源安全的河湖水系连通方案模拟与选优

水资源安全是指在特定时期、特定区域水资源(量和质)能够满足区域经济社会可持续发展需要,本章主要从水资源供给是否满足需要的角度探讨水资源安全。本章明确指出水系连通变异下水资源更加集中在夏季,枯水期普遍偏少甚至出现断流或断流时间延长,水文干旱特征明显,水文干旱历时更长,水文干旱强度更大,水文干旱峰值更高,打破了水资源供需平衡,水资源短缺问题日益凸显,严重影响了该地区水资源安全。荆南三口地区水资源主要来源于长江荆南三口河系来水。荆南三口河系是沟通长江与洞庭湖的水流通道,由于江湖关系的剧烈演变,荆南三口河系属典型的季节性河流。有研究表明:1951 ~2014 年荆南三口河系平均断流天数呈逐期增加趋势,且变化趋势显著。三峡水库蓄水后年断流天数比蓄水前延长了至少 22 d,2006 年(枯水年)荆江三口 5 站有 3 站(沙道观、管家铺、康家岗)断流期超过了 200 d 以上,康家岗站甚至达到了 336 d,断流了 11 个月之久。荆南三口河系断流则隔断了河湖水系连通功能,进而导致河道水文干旱,如第 5 章所述,水系连通变异后,新江口、沙道观、弥陀寺、康家岗、管家铺 5 站点的水文干旱历时、水文干旱强度和水文干旱峰值都比 1956 ~1989 年呈不同程度的增加,在相同单变量重现期的情况下,水文干旱历时时长更长,水文干旱强度更大,水文干旱峰值更高。总体而言,荆南三口地区属于大陆性亚热带季风湿润气候,降水相对丰富,境内河网密布,水系发达,水资源供需矛盾不突出。然而,由于极端天气、人口数量增加、工农业生产规模发展等因素的影响,荆南三口地区存在一定程度的水资源短缺问题,尤其是在枯水季节极为显著。水系连通变异后荆南三口河系年水资源量呈显著减少趋势,另外,三峡工程实施运行后,清水下泄冲刷河道引起长江干流水位下降使得荆南三口河系的水量减少,这些因素导致荆南三口地区水资源短缺形势更加严峻。水系连通度与水资源量呈强正相关关系,水系连通度制约着水资源量,影响水资源配置、调蓄能力,从水系连通角度分析荆南三口地区水资源供需状况,针对存在的水资源安全问题,提出提高水系连通度的具体措施,增强供水能力。基于此,本章分析荆南三口地区水资源供需状况,模拟与仿真未来水资源供需形势,判断水资源供需在不同发展模式下是否平衡,从供水的角度设计包括水系连通工程措施在内的调控方案,筛选出最优水资源安全调控方案,就最优调控方案提出具体措施,以期为提高荆南三口地区水资源的综合利用率,保障水资源安全提供决策参考。

8.1　河湖水系连通方案优化的方法与模型求解

8.1.1　系统动力学

系统动力学(SD),于 1956 年由美国麻省理工学院(MIT)的福瑞斯特(J. W. Forrester)教授率先提出,1958 年 J. W. Forrester 教授将该系统仿真方法(起初称为工业动态法)应用于分析生产管理、库存管理等企业问题。半个多世纪以来,随着计算机技术的飞速发展及数学理论的不断深入,系统动力学理论越来越成熟、完整,逐渐成为一门集系统论、控制论、信息论于一体的综合自然科学和社会科学的交叉横向学科。系统动力学认为:凡系统必有结构,系统结构决定系统功能。系统内部各组成要素之间互为因果关系,任何复杂的大系统可以运用若干个具有反馈回路的子系统来反馈,从而减少外部的干扰或随机事件对系统行为的影响,从系统内部结构来寻找行为发生的根源和发展方向。系统动力学方法在自然资源(如水资源)、航空应急医疗、城市交通、人口变迁、经济贸易等诸多领域已被广泛应用。

系统动力学基于系统行为,揭示系统内部相互作用、相互制约、相互影响,通过建立数学模型、操作过程,逐步发掘系统内在机制间的因果关系。系统动力学模型结构主要由四种类型元素构成,即"流(flow)"(如信息流)、"水平积量(level)"(如工业产值、总人口)、"率量(rate)"(如人口增长率、农田灌溉面积增加率)、"辅助变量(auxiliary)"(如农村人口、农业需水量)。四种类型元素具有不同的建模方法,系统流通过系统流图或因果关系图反映系统结构各要素之间的内在联系以及动态特征,水平积量、率量、辅助变量分别通过状态方程、速率方程和辅助方程来表达统计变量在某一时间的物质或能量特征、变化快慢以及系统内部各变量的量化值和相互关系的内部机制,辅助变量能更真实地反映系统内部各要素之间的运动变化规律,使系统结构更加完善、更加贴近现实。

系统动力学模型的构建大致包括五步:①系统分析;②系统结构分析;③构建系统流程图;④模型分析和模拟;⑤模型应用。系统动力学建模步骤如图 8-1 所示。

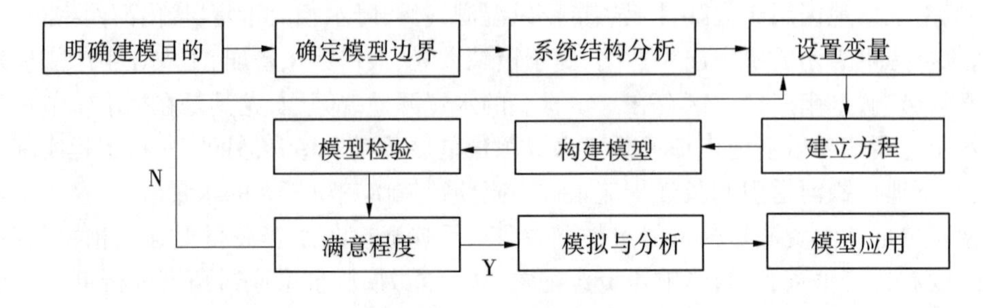

图 8-1 系统动力学建模步骤

8.1.2 模拟分析软件介绍

系统动力学模拟运行环境早期是采用计算机语言表达系统内部结构,经过信息技术半个多世纪的迅速发展,其模拟运行环境逐渐演变成为可视化仿真平台,目前使用较为普遍的仿真平台有 DYNAMO、Ithink、Vensim、Powersim、Stella 等。

Vensim 模拟分析软件具有界面友好、图示化编程建模、定性与定量分析、真实性检验且推出个人免费使用版,是目前诸多学者应用系统动力学分析、仿真、优化等研究领域最为流行的一种可视化建模和仿真工具。

8.2　系统动力学模型的建立

8.2.1　确定模型边界和变量

系统动力学模型边界包括系统行为边界、系统空间边界和时间边界。系统行为边界内部各要素均与所研究的动态问题或领域关系密切的概念模型和变量，边界外部的概念模型和变量与所研究内容的关系不重要。根据系统论理论，一个完整的水资源系统不仅包含本身各个组成要素，而且还包括人口、社会经济、生态环境等其他子系统，它是一个复杂的、动态的社会经济大系统（见图8-2）。

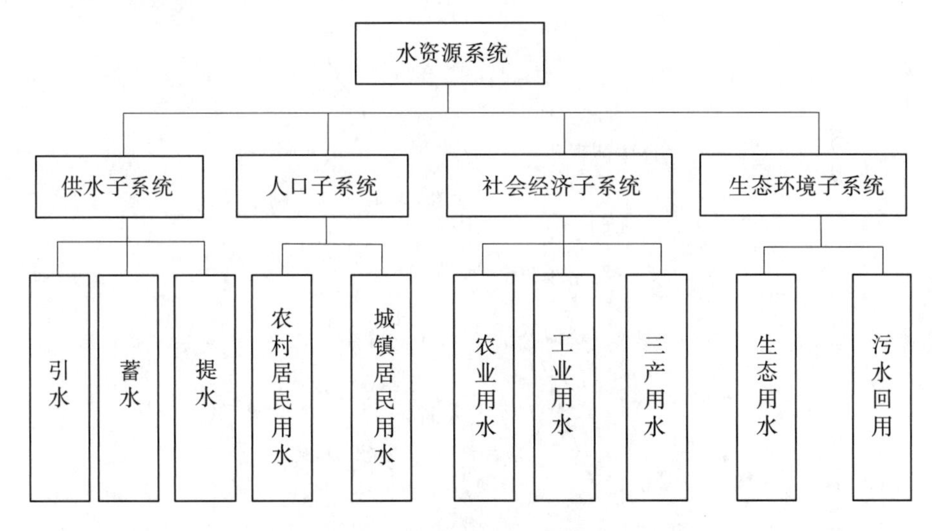

图8-2　水资源系统组成结构

水资源配水系统是一个复杂的动态结构系统，系统内部要素众多，涉及水资源利用、生态环境以及社会经济等方方面面，且各影响因素之间相互影响、相互作用、相互制约，构成互为反馈系统。为了清晰优化水资源配水方案，更好地揭示系统内部各影响因素的结构关系，系统动力学模型以供需水量为核心，确定系统边界。根据系统建模的目的，本书研究系统行为的界限大体包括以下内容：人口数量、城市化率、生活需水定额、生态需水量、工业产值、第三产业产值、万元产值用水定额、污水排放率（处理率、回用率）、供水量、农田灌溉定额、农田灌溉面积、牲畜需水量、渔业需水量。

荆南三口河系水资源量对岳阳市华容县、常德市安乡县、益阳市南县社会经济发展产生重要影响，松滋河、虎渡河、藕池河水资源态势相差甚远，供水能力不尽相同，不同区域发展程度存在差异，水资源需求也不一样，水资源供需平衡方式各有不同，水资源安全调控方案系统动力学模型需要考虑各行政区域的水资源系统与人口、社会经济与生态环境等子系统之间的相互关系。

模型以荆南三口地区湖南省岳阳市华容县、常德市安乡县、益阳市南县三县县级行政区边界作为系统的空间边界，以2012～2040年作为系统的时间边界，时间步长为1年，

2012～2017 年为历史年,分析数据,2018～2040 年为预测年,其中 2030 年为中期规划水平年,2040 年为远期规划水平年。

8.2.2　因果关系分析

水资源配水系统是由水资源利用、生态环境、人口以及社会经济等子系统相互耦合复杂的巨系统。根据系统理论原理,结合整体与部分的辩证关系,综合考虑荆南三口华容县、南县、安乡县资料的实际情况及各产业用水现状、供水情况,本书将水资源配水系统分为供水、人口、社会经济与生态环境等 4 个子系统,它们各子系统、各要素之间相互制约、相互作用、相互影响、相互联系,构成复杂的动态系统。荆南三口地区水资源配水系统的因果关系见图 8-3。

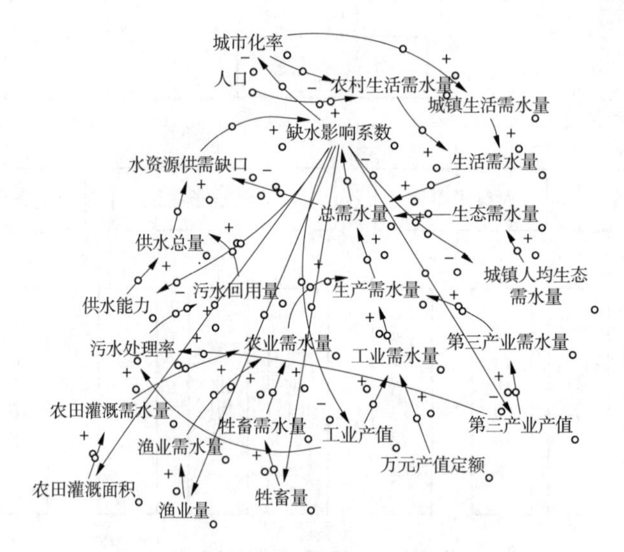

图 8-3　水资源配水系统的因果关系简图

在深入分析水资源系统各要素之间互相制约、互相依赖关系的基础上,结合因果关系图,并综合考虑系统动力学模型的目标,确定模型反馈回路:

(1)供水能力→＋供水总量→＋水资源供需缺口→＋缺水影响系数→－供水能力。

(2)地区生产总值→＋污水处理率→＋污水回用量→＋供水总量→＋水资源供需缺口→＋缺水影响系数→－地区生产总值。

(3)人口→＋农村生活需水量→＋生活需水量→＋总需水量→－水资源供需缺口→＋缺水影响系数→－人口。

(4)城市化率→＋城镇生活需水量→＋生活需水量→＋总需水量→－水资源供需缺口→＋缺水影响系数→－城市化率。

(5)农田灌溉面积→＋农田灌溉需水量→＋农业需水量→＋生产需水量→＋总需水量→－水资源供需缺口→＋缺水影响系数→－农田灌溉面积。

(6)渔业量→＋渔业需水量→＋农业需水量→＋生产需水量→＋总需水量→－水资源供需缺口→＋缺水影响系数→－渔业量。

(7)牲畜量→＋牲畜需水量→＋农业需水量→＋生产需水量→＋总需水量→－水资

源供需缺口→ + 缺水影响系数→ - 牲畜量。

(8)工业产值→ + 工业需水量→ + 生产需水量→ + 总需水量→ - 水资源供需缺口→ + 缺水影响系数→ - 工业产值。

(9)万元产值定额→ + 工业需水量→ + 生产需水量→ + 总需水量→ - 水资源供需缺口→ + 缺水影响系数→ - 工业产值。

(10)第三产业产值→ + 第三产业需水量→ + 生产需水量→ + 总需水量→ - 水资源供需缺口→ + 缺水影响系数→ - 第三产业产值。

(11)城镇人均生态需水量→ + 生态需水量→ + 总需水量→ - 水资源供需缺口→ + 缺水影响系数→ - 城镇人均生态需水量。

8.2.3　模型的构建

前述因果关系反馈回路定性描述了水资源配水系统内部各要素发生变化的原因,即反馈结构。为了清晰明了地定量描述水资源配水系统内部各要素之间的相互作用机制与数量关系,系统动力学根据四种类型模型结构,运用 Vensim 软件通过水平变量、速率变量、常量、辅助变量和信息流等基本变量和基本符号构建荆南三口水系水资源配水系统动力学模型流程图(见图 8-4)。本书构建的 SD 模型流程图由 6 个状态变量(水平变量)、6 个速率变量、25 个辅助变量、18 个表函数、7 个常数等构成(见表 8-1)。

表 8-1　水资源配水系统 SD 模型变量

序号	变量类型	变量名称及数量
1	状态变量	总人口、工业产值、第三产业产值、牲畜量、渔业量、农田灌溉面积(6)
2	速率变量	人口增长量、工业产值增加值、第三产业产值增加值、牲畜增长量、渔业增长量、灌溉面积增长量(6)
3	辅助变量	农村人口、农村生活需水量、生活需水量、生活污水排放量、生活污水处理量、生活污水回用量、供水总量、供水能力、水资源供需缺口、缺水影响系数、城镇人口、城镇生活需水量、总需水量、城镇生态需水量、生态需水量、工业需水量、工业废水排放量、工业污水处理量、工业污水回用量、第三产业需水量、生产需水量、牲畜需水量、渔业需水量、农田灌溉需水量、农业需水量(25)
4	表函数	人口增长率、城市化率、城镇生活用水定额、农村生活用水定额、城镇人均生态需水量、河道生态需水量、工业产值增加率、工业废水排放系数、工业废水处理率、引水量、需水量、提水量、第三产业产值增长率、牲畜增长率、渔业增长率、农田灌溉面积增加率、万元工业产值用水定额、万元三产产值用水定额(18)
5	常数	生活污水排放系数、生活污水处理率、生活污水回用率、渔业换水定额、牲畜需水定额、工业污水回用率、可利用比例(7)

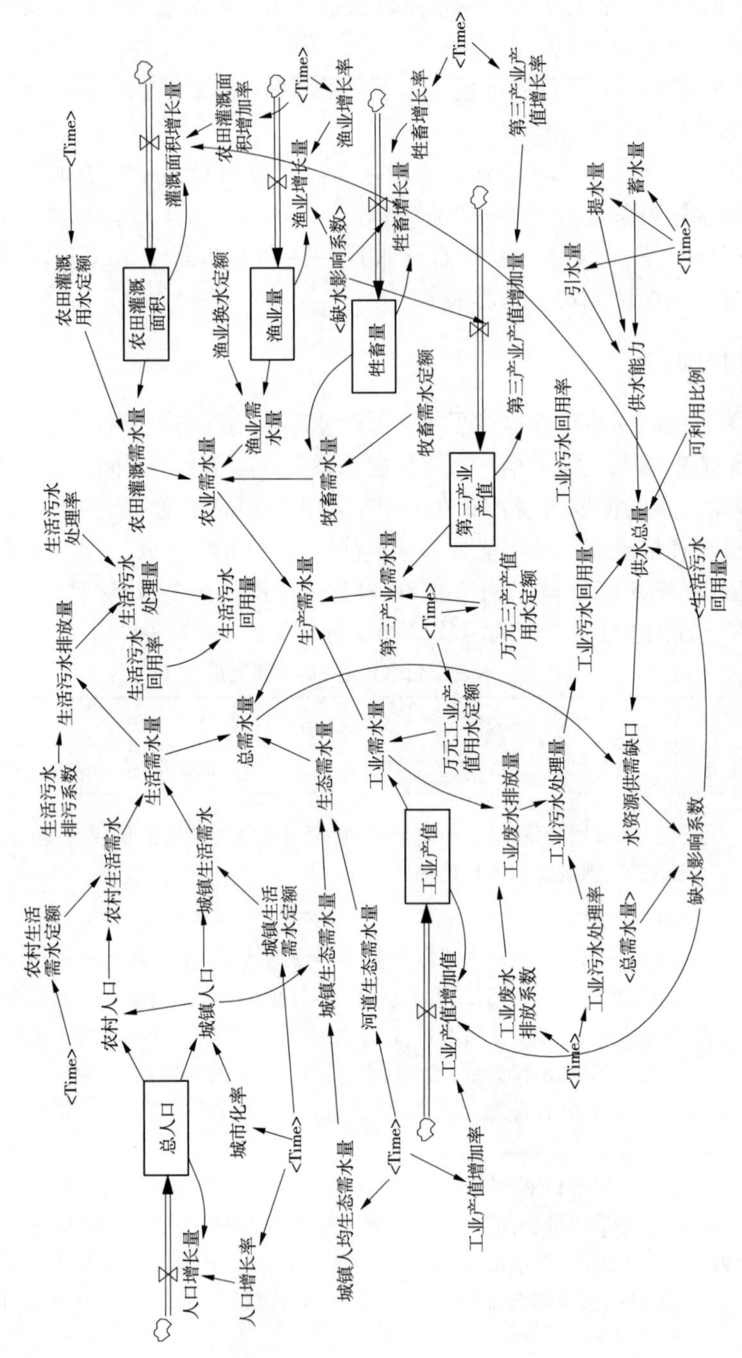

图8-4　荆南三口水系水资源配水系统动力学模型流程

根据构建的荆南三口水资源配水系统动力学模型流程图可以看出水资源系统内部各参数之间的相关关系,采用状态变量、速率变量、常量、辅助变量、初始值等方程以及表函数准确刻画各变量之间的定量关系,进而建立荆南三口水系水资源配水系统动力学模型。

本书中状态变量主要包括总人口、工业产值、第三产业产值、牲畜量、渔业量、农田灌溉面积,其系统动力学方程(L)如下所示:

(1)总人口 = INTEG (人口增长量,总人口,Initial value)。

(2)工业产值 = INTEG (工业产值增加量,工业产值,Initial value)。

(3)第三产业产值 = INTEG (第三产业产值增加量,第三产业产值,Initial value)。

(4)牲畜量 = INTEG (牲畜增长量,牲畜量,Initial value)。

(5)渔业量 = INTEG (渔业增长量,渔业量,Initial value)。

(6)农田灌溉面积 = INTEG (灌溉面积增长量,农田灌溉面积,Initial value)。

本书中辅助变量主要包括人口增长量、工业产值增加值、第三产业产值增加值、牲畜增长量、渔业增长量、灌溉面积增长量,其系统动力学方程(R)如下所示:

(1)人口增长量 = 总人口 × 人口增长率。

(2)工业产值增加值 = 工业产值 × 工业产值增加率。

(3)第三产业产值增加量 = 第三产业产值 × 第三产业产值增长率。

(4)牲畜增长量 = 牲畜量 × 牲畜增长率。

(5)渔业增长量 = 渔业量 × 渔业增长率。

(6)灌溉面积增长量 = 农田灌溉面积 × 农田灌溉面积增长率。

本书中辅助变量主要包括农村人口、农村生活需水量、生活需水量、生活污水排放量、生活污水处理量、生活污水回用量、供水总量、供水能力、水资源供需缺口、缺水影响系数、城镇人口、城镇生活需水量、总需水量、城镇生态需水量、生态需水量、工业需水量、工业废水排放量、工业污水处理量、工业污水回用量、第三产业需水量、生产需水量、牲畜需水量、渔业需水量、农田灌溉需水量、农业需水量等 25 个,其系统动力学方程(A)如下所示:

(1)农村人口 = 总人口 − 城镇人口。

(2)农村生活需水量 = 农村人口 × 农村生活需水定额 × 365 × 0.001。

(3)生活需水量 = 农村生活需水量 + 城镇生活需水量。

(4)生活污水排放量 = 生活需水量 × 生活污水排放系数。

(5)生活污水处理量 = 生活污水排放量 × 生活污水处理率。

(6)生活污水回用量 = 生活污水处理量 × 生活污水回用率。

(7)供水总量 = 供水能力 × 可利用比例 + 工业污水回用量 + 生活污水回用量。

(8)供水能力 = 引水量 + 提水量 + 蓄水量。

(9)水资源供需缺口 = 总需水量 − 供水总量。

(10)缺水影响系数 = 水资源供需缺口/总需水量。

(11)城镇人口 = 总人口 × 城市化率。

(12)城镇生活需水 = 城镇人口 × 城镇生活需水定额 × 365 × 0.001。

(13)总需水量 = 生产需水量 + 生态需水量 + 生活需水量。

(14)城镇生态需水量 = 城镇人口 × 城镇人均生态需水量。

(15)生态需水量 = 城镇生态需水量 + 河道生态需水量。

(16)工业需水量 = 工业产值 × 万元工业产值用水定额/10 000。

(17)工业废水排放量 = 工业需水量 × 工业废水排放系数。

(18)工业污水处理量 = 工业废水排放量 × 工业污水处理率。

(19)工业污水回用量 = 工业污水处理量 × 工业污水回用率。

(20)第三产业需水量 = 第三产业产值 × 万元三产产值用水定额/10 000。

(21)生产需水量 = 农业需水量 + 工业需水量 + 第三产业需水量。

(22)牲畜需水量 = 牲畜量 × 牲畜需水定额 ×365 ×0.001。

(23)渔业需水量 = 渔业量 × 渔业换水定额。

(24)农田灌溉需水量 = 农田灌溉面积 × 农田灌溉用水定额。

(25)农业需水量 = 农田灌溉需水量 + 渔业需水量 + 牲畜需水量。

水资源系统是复杂的动态反馈系统,在处理某些复杂问题时,系统动力学运用方程表达式难以准确量化各变量,通常使用表函数定量表达变量关系。本书中有 18 个表函数定量描述人口增长率、城市化率、城镇生活用水定额、农村生活用水定额、城镇人均生态需水量、河道生态需水量、工业产值增加率、工业废水排放系数、工业废水处理率、引水量、需水量、提水量、第三产业产值增长率、牲畜增长率、渔业增长率、农田灌溉面积增加率、万元工业产值用水定额、万元三产产值用水定额等变量,系统动力学表函数通用方程(T)如下所示:

变量 = Lookupfunction(time)或变量 = table(time)。

8.2.4 模型参数估计

水资源配水系统是一个复杂的动态系统,构建的系统动力学模型中参数众多,且某些参数具有不确定性,故在模型调试中,需要将参数估计与模型运行有机地结合起来,使估计参数更能符合现实。

系统动力学模型中常用参数主要有 3 类,即常数值、初始值、表函数。在模型设计时,对那些随时间变化影响不大的参数综合考虑近似取常数值,对那些难以准确使用函数进行量化变量可以通过表函数来有效地解决众多非线性问题。按照参数估计方法的特点,模型参数估计主要有政策性参数估计和统计性参数估计,不同的参数估计其数据来源和参考标准也不同,政策性参数估计主要根据国家相关政策法规、行业特点规定的建议或强制遵循的参数值,统计性参数估计主要是通过对历史数据的统计分析来预估参数的未来取值。荆南三口水系水资源配水系统 SD 模型中主要参数可以根据湖南省岳阳市、常德市、岳阳市统计年鉴、国民经济与社会发展公报、环境统计公报以及水资源公报获取基本研究数据,并对基础数据进行处理、统计和分析预测未来变化趋势和取值。

8.2.5 模型检验

系统动力学模型运行前不可或缺的环节就是模型检验,检验模型结构是否合适,模型行为是否灵敏,模型拟合结果与历史数据是否一致,只有通过检验模型,才能保证模型预测的真实性和有效性,模型获得信息与行为才能客观反映所构建模型实际系统的特征和变化规律。系统动力学模型有效性检验主要有四种方法,即直观检验、运行检验、历史检验以及灵敏度分析。

8.2.5.1 直观检验与运行检验

核对模型系统内部各要素之间的因果关系、模型边界与变量、流程图结构以及方程表达式、表函数,所建水资源配水系统 SD 模型中各变量之间因果关系科学、正确(见图 8-3),模型边界恰当,变量设置合理,系统流程图能准确揭示供水、人口、社会经济与生态环境各要素之间的相互关系和作用机制(见图 8-4),系统动力学方程式与表函数、常数值、初始值能精确表达各变量之间的定量关系。同时,借助 Vensim 模型检验与单位检验功能对水资源配水系统 SD 模型进行有效性检验分析,经检验结果显示,模型逻辑可行,单位一致,量纲统一。

8.2.5.2 历史检验

模型历史检验是指模型的仿真结果与历史统计数据是否相符合,就是计算机系统行为与实际系统的拟合度检验。荆南三口岳阳市华容县、常德市安乡县、益阳市南县 3 个行政区系统内部各变量的常数值、初始值和表函数不同,引起水资源供需水变化也不一样,进行模型历史检验需要分区域单独检验。

本书系统动力学模型历史检验时间为 2012 ~ 2017 年,将岳阳市华容县(2012 ~ 2017 年)、常德市安乡县(2012 ~ 2017 年)、益阳市南县(2012 ~ 2017 年)的历史数据分别输入所建的系统动力学模型进行仿真,比较模型的仿真结果与历史统计数据拟合度,计算出模拟值与实际值之间的误差范围,在一定程度上有效保证 SD 模型的有效性和正确性。模型中 6 个状态变量支撑着模型的骨架,且在模型中与众多数据联系更为紧密,也更能反映出水资源系统变化,故本书以 6 个水平变量作为历史验证参数,各行政区模拟结果如表 8-2、表 8-3、表 8-4 所示。

表 8-2 岳阳市华容县模型历史检验结果

检验参数	项目	不同年份历史检验结果					
		2012	2013	2014	2015	2016	2017
总人口(万)	实际值	71.41	71.81	72.24	72.56	72.96	73.11
	模拟值	71.41	71.81	72.21	72.64	72.97	73.37
	误差	0	0	-0.04%	0.12%	0.01%	0.35%
工业产值(亿元)	实际值	108.78	120.99	133.73	148	139.32	114.19
	模拟值	108.78	122.39	133.97	151.49	141.49	114.86
	误差	0	1.14%	0.18%	2.30%	1.54%	0.58%
三产产值(亿元)	实际值	59.97	68.36	77.09	89.97	102.18	116.41
	模拟值	59.97	69.41	77.46	88.98	101.43	117.23
	误差	0	1.52%	0.47%	-1.11%	-0.74%	0.70%

续表 8-2

检验参数	项目	不同年份历史检验结果					
		2012	2013	2014	2015	2016	2017
牲畜量（万头）	实际值	149.20	149.31	151.22	107.85	106.64	106.27
	模拟值	149.20	149.36	151.73	107.07	105.82	105.64
	误差	0	0.03%	0.34%	-0.73%	-0.77%	-0.60%
渔业量（万亩）	实际值	1.28	1.364	0.84	0.918	0.914	1.03
	模拟值	1.28	1.36	0.85	0.93	0.92	1.03
	误差	0	-0.14%	1.17%	0.87%	0.40%	0
农田灌溉面积（万亩）	实际值	62.00	47.01	54.28	57.08	55.01	74.7
	模拟值	62.00	48.10	53.77	57.59	54.67	74.58
	误差	0	2.27%	-0.95%	0.90%	-0.63%	-0.17%

表 8-3　常德市安乡县模型历史检验结果

检验参数	项目	不同年份历史检验结果					
		2012	2013	2014	2015	2016	2017
总人口（万）	实际值	59.02	59.37	59.71	60.06	60.35	60.53
	模拟值	59.02	59.37	59.71	60.06	60.35	60.53
	误差	0	0	0	0	0	0
工业产值（亿元）	实际值	32.24	31.93	33.42	36.22	53.68	60.44
	模拟值	32.24	31.76	33.67	36.46	53.39	61.36
	误差	0	-0.54%	0.75%	0.66%	-0.55%	1.50%
三产产值（亿元）	实际值	62.99	66.68	69.81	80.57	74.53	88.14
	模拟值	62.99	66.74	69.31	82.07	73.89	87.44
	误差	0	0.10%	-0.72%	1.83%	-0.86%	-0.80%
牲畜量（万头）	实际值	77.44	71.06	71.24	71.28	70.75	65.15
	模拟值	77.44	71.44	71.62	71.73	71.06	65.05
	误差	0	0.53%	0.54%	0.64%	0.45%	-0.14%
渔业量（万亩）	实际值	1.53	1.67	1.65	1.68	1.66	1.75
	模拟值	1.53	1.67	1.65	1.69	1.67	1.77
	误差	0	0	0	0.87%	0.40%	0.47%
农田灌溉面积（万亩）	实际值	73.11	62.52	57.73	61.84	64.17	67.19
	模拟值	73.11	62.21	57.89	62.03	64.04	66.63
	误差	0	-0.49%	0.28%	0.31%	-0.20%	-0.84%

表 8-4　益阳市南县模型历史检验结果

检验参数	项目	不同年份历史检验结果					
		2012	2013	2014	2015	2016	2017
总人口（万）	实际值	70.18	70.20	70.60	71.06	74.61	78.43
	模拟值	70.18	70.39	70.78	71.23	74.72	78.55
	误差	0	0.27%	0.25%	0.24%	0.14%	0.15%
工业产值（亿元）	实际值	30.20	33.30	37.10	39.78	42.40	42.20
	模拟值	30.20	33.60	37.92	39.86	42.64	41.82
	误差	0	0.90%	2.17%	0.19%	0.57%	-0.92%
三产产值（亿元）	实际值	51.30	59.40	68.70	78.40	90.20	109.90
	模拟值	51.30	59.81	68.95	78.72	90.11	109.03
	误差	0	0.68%	0.36%	0.41%	-0.10%	-0.80%
牲畜量（万头）	实际值	107.82	107.84	110.58	110.60	111.27	112.27
	模拟值	107.82	107.86	110.46	110.48	111.65	112.62
	误差	0	0.01%	-0.11%	-0.11%	0.34%	0.31%
渔业量（万亩）	实际值	0.35	0.30	0.31	0.27	0.34	0.25
	模拟值	0.35	0.299	0.309	0.277	0.336	0.253
	误差	0	-0.24%	-0.35%	2.63%	-1.19%	1.18%
农田灌溉面积（万亩）	实际值	55.04	45.78	42.04	37.43	42.39	38.09
	模拟值	55.04	45.29	41.99	37.64	42.92	37.95
	误差	0	-1.08%	-0.13%	0.57%	1.24%	-0.37%

根据上述历史检验结果不难发现，模型的模拟值与历史数据实际值的误差在±3%以内，与历史统计值大致吻合。由此可见，本书构建的系统动力学模型所描述的荆南三口地区的系统仿真模拟行为与实际系统行为拟合度较好。因此，该模型可靠、有效，可以满足仿真模拟的需求。

8.2.5.3　灵敏度分析

灵敏度分析主要是通过改变系统动力学模型中的结构、参数来观察模型运行情况和输出结果，进而检验结构或参数变化对整体模型的影响程度。灵敏度分析通常有结构灵敏度分析和参数灵敏度分析两种，在模型有效性检验过程中，参数灵敏度分析应用较为普遍。参数灵敏度分析的具体过程就是在合理范围内改变某些参数值检查模型行为模式的改变程度，即灵敏度。

一般来说，灵敏度分析中选取的参数多为常数参数，如水平变量的初始值、常数值等。因此，本书灵敏度分析主要选择 13 个常数参数值，包括总人口、工业产值、第三产业产值、牲畜量、渔业量、农田灌溉面积、生活污水排放系数、生活污水处理率、生活污水回用率、渔业换水定额、牲畜需水定额、工业污水回用率、可利用比例。

经灵敏度分析可知,常数参数的改变对2040年荆南三口地区水资源供需缺口的灵敏度在合理的范围之内,所建模型的稳定性较好,可以实现实际系统行为的模拟仿真。

8.3 水资源安全调控方案仿真模拟

水系连通变异对水资源产生巨大影响,为了保障水资源安全,提高水资源承载力,实现水资源可持续利用,选择适宜的水资源配置模式。因此,水资源安全调控方案设计前,需要弄清楚影响荆南三口地区水资源安全的主要因素或限制性指标。

8.3.1 水资源安全调控方案指标的选取

水系调控方案指标的获取离不开限制水资源安全的主要驱动因素。可见,选取水资源安全调控方案之前,先评价研究区水资源安全,筛选出影响荆南三口地区水资源安全的主要因素或限制性指标。

8.3.1.1 水资源安全指标体系的构建

遵循综合性、独立性、科学性、可操作性、针对性、稳定性等原则,综合考虑水资源系统内部各要素的自然属性和社会属性,结合河湖水系连通工程影响下的供水能力、“三生”(生活、生产、生态)用水的影响因素以及系统动力学模型运行规律,从供需水量、经济社会生态效应以及供需水吻合度等方面筛选出适合于水资源安全调控方案下的水资源安全评价指标。水资源安全是指一个国家或区域在某一具体历史发展阶段下,以可以预见的技术、经济和社会发展水平为依据,以可持续发展为原则,以维护生态环境良性循环为条件,水资源能够满足国民经济和社会可持续发展的需要,水资源的供需达到平衡。水资源安全涉及人身安全、经济安全、社会安全及环境安全。因此,水资源安全评价指标分为三层,分别是第Ⅰ层为目标层(A),第Ⅱ层为准则层(B),包括供水条件、用水效率、生态环境效应、供需协调力,第Ⅲ层为指标层(C),共12个指标,主要有人均水资源量、产水模数、水资源开发利用率、人均生活用水量、万元GDP用水量、万元工业产值用水定额、农田灌溉用水定额、牲畜用水定额、污水排放系数、污水处理率、城镇人均生态用水量、水资源供需缺水影响系数。

采用层次分析法,通过构建层次模型、构造判断矩阵、权重计算求解、权重一致性检验、确定相应权重等步骤建立荆南三口地区水资源安全评价指标体系(见表8-5)。

8.3.1.2 水资源安全评价标准

基于保障水资源安全,提供系统动力学仿真模拟依据,筛选出优化水资源安全调控方案,通过设定水资源不安全、临界安全、安全、非常安全4级评价标准,选择适宜的评价方法,以确定荆南三口地区基于水资源安全级别的各指标阈值范围,并通过系统动力学模型仿真模拟得出基于水资源安全调控方案的供需水变化情况,以期为水资源安全调控方案的决策提供参考。

表 8-5　荆南三口地区水资源安全评价指标体系

目标层 A	准则层 B	指标层 C	权重	单位	指标含义
水资源安全	供水条件 B_1	人均水资源量 C_1	0.258 8	m^3/人	水资源总量/总人口
		产水模数 C_2	0.143 3	万 m^3/km^2	水资源总量/国土面积
		水资源开发利用率 C_3	0.023 6	%	用水总量/水资源总量
	用水效益 B_2	人均生活用水量 C_4	0.031 8	m^3/人	生活用水量/总人口
		万元 GDP 用水量 C_5	0.106 7	m^3/万元	用水总量/GDP
		万元工业产值用水定额 C_6	0.059 6	m^3/万元	工业用水量/工业增加值
		农田灌溉用水定额 C_7	0.079 8	m^3/亩	农田灌溉用水量/农田灌溉面积
		牲畜用水定额 C_8	0.010 4	m^3/头	牲畜用水量/牲畜总量
	生态环境效应 B_3	污水排放系数 C_9	0.062 3	%	污水排放量/用水总量
		污水处理率 C_{10}	0.017 8	%	污水处理量/污水排放量
		城镇人均生态用水量 C_{11}	0.013 5	%	城镇生态用水量/城镇人口
	供需协调力 B_4	水资源供需缺水影响系数 C_{12}	0.192 4	%	(需水总量 - 供水总量)/需水总量

鉴于上述分析，本书水资源安全评判等级采用等间距分级方法，根据综合指数值，结合国内外相关研究成果，由于水资源极不安全指标对于系统动力学模拟仿真无实际意义，故本书水资源安全仅分为 4 级：[0,0.4]不安全（经常发生水资源安全问题，甚至水资源安全系统面临崩溃）、(0.4,0.6]临界安全（偶尔发生水资源安全问题）、(0.6,0.8]安全（极少发生水资源安全问题）、(0.8,1.0]非常安全（根本不出现水资源安全问题）。为了使水资源安全评价结果更具有现实指导意义，在时空上具有显著的可比性和参考性，除众多学者、专家的研究成果外，参考国内外各地区的发展水平和经验，并根据历史数据的经验值和分布特点，最终确定水资源安全 12 个评价指标 4 级评价标准的评判阈值（见表 8-6）。

表 8-6　荆南三口地区水资源安全评价指标分级标准与阈值

评价指标	评价等级			
	不安全	临界安全	安全	非常安全
C_1	<1 000	1 000 ~ 2 000	2 000 ~ 4 000	>4 000
C_2	<40	40 ~ 60	60 ~ 80	>80
C_3	>70	40 ~ 70	20 ~ 40	<20
C_4	<40	40 ~ 50	50 ~ 60	>60
C_5	>610	210 ~ 610	60 ~ 210	<60
C_6	>500	160 ~ 500	50 ~ 160	<50

续表 8-6

评价指标	评价等级			
	不安全	临界安全	安全	非常安全
C_7	>600	450～600	350～450	<350
C_8	>15	10～15	5～10	<5
C_9	>60	40～60	20～40	<20
C_{10}	<40	40～60	60～80	>80
C_{11}	<4	4～12	12～20	>20
C_{12}	>0	-0.3～0	-0.6～-0.3	<-0.6

本书采用综合指数法对荆南三口地区现状条件、不同方案的预测参数下的水资源安全进行综合评价。首先,选用多目标模糊隶属度函数标准化法对水资源安全评价指标(效益性指标与成本性指标)的属性值进行归一化或标准化处理,各评价指标隶属度函数计算公式如下:

对于正向(越大越安全)的指标:

$$s_{ij} = \begin{cases} k_1 & x_{ij} < u_1 \\ \dfrac{k_{n+1} - k_n}{u_{n+1} - u_n} \times (x_{ij} - u_n) + k_n & u_n \leqslant x_{ij} \leqslant u_{n+1} \\ k_4 & x_{ij} > u_4 \end{cases} \tag{8-1}$$

对于逆向(越小越安全)的指标:

$$s_{ij} = \begin{cases} k_1 & x_{ij} > u_1 \\ \dfrac{k_{n+1} - k_n}{u_n - u_{n+1}} \times (u_n - x_{ij}) + k_n & u_{n+1} \leqslant x_{ij} \leqslant u_n \\ k_4 & x_{ij} < u_4 \end{cases} \tag{8-2}$$

式中:s_{ij}为第i个研究区域第j项指标的隶属度或标准化值;x_{ij}为第i个研究区域第j项指标的实际值;k_1、k_2、k_3、k_4分别为水资源安全综合指数评价等级区间值,依次取0.4、0.6、0.8、1.0;u_1、u_2、u_3、u_4分别为水资源安全评价指标分级阈值对应的标准值。

然后根据隶属度函数标准化值与层次分析法求得的权重向量,利用加权平均法计算荆南三口地区水资源安全评价综合指数,即

$$F_i = \sum_{j=1}^{n} w_j \times s_{ij} \tag{8-3}$$

式中:F_i为第i个研究区水资源安全评价综合指数;w_j为研究区域第j项指标的权重。

8.3.1.3　水资源安全综合评价与主要限制性因素

通过式(8-1)、式(8-2)分别计算得到2012～2017年、2030年、2040年荆南三口地区

的华容县、安乡县和南县 12 个评价指标的标准化值,再通过式(8-3)计算出三县对应年份的水资源安全评价结果,根据现状水平年(2017 年)、中期规划水平年(2030 年)、远期规划水平年(2040 年)三县水资源临界安全、安全 2 个评判等级,反推得到 2017 年、2030 年、2040 年三县 12 个评价指标的预测值,以期设计出科学合理的河湖水系连通预测方案,为荆南三口地区水资源系统仿真模拟奠定基础。

根据荆南三口地区岳阳市、常德市、益阳市水资源公报和华容县、安乡县、南县三县统计年鉴获取 12 项水资源安全评价指标实际值及中期、远期预测值,然后经过评价指标隶属度函数计算公式得出三县现状、中远期各项指标标准化值,将此值乘以相对应的各指标权重,最终得到该地区三县水资源安全期评价结果(见图 8-5)。从图 8-5 可以看出,华容县 2012 ~ 2017 年水资源安全综合指数均为 0.6 ~ 0.8,说明该时段内华容县水资源安全为安全等级;安乡县 2012 年、2013 年、2014 年、2016 年水资源安全综合指数为0.6 ~ 0.8,说明这四年安乡县水资源安全为安全等级,2015 年、2017 年该县水资源安全指数为 0.4 ~ 0.6,这意味着此两年该县水资源安全下降为临界安全等级;2012 ~ 2017 年南县水资源安全综合指数均为 0.6 ~ 0.8,说明该时段内南县水资源安全为安全等级。

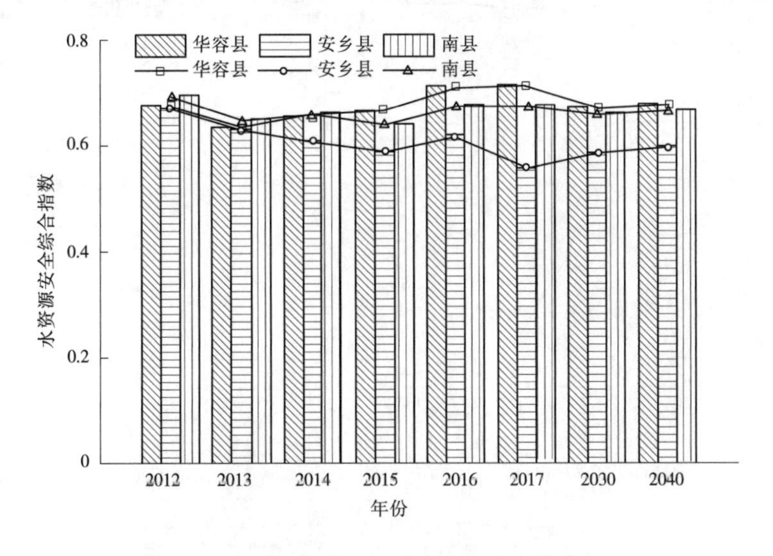

图 8-5　荆南三口地区三县水资源安全评价结果

从变化趋势上看,华容县水资源安全指数呈先下降后上升再下降的变化趋势,2016 年、2017 年综合指数超过 0.7;安乡县水资源安全指数总体呈线性下降趋势;南县水资源安全指数在 0.67 附近上下波动。通过分析各指标隶属度变化值不难发现,华容县水资源安全的主要限制性因素有人均水资源量、产水模数、人均生活用水量与水资源开发利用率[见图 8-6(a)],安乡县水资源安全的主要限制性因素有人均水资源量、产水模数、人均生活用水量、水资源开发利用率、水资源供需缺水影响系数与万元 GDP 用水量[见图 8-6(b)],南县水资源安全的主要限制性因素有人均水资源量、产水模数、人均生活用水量与水资源开发利用率[见图 8-6(c)]。由此可见,为了保证荆南三口地区水资源安全,需要从供水条件、用水效益、供需协调力等方面综合考虑,尤其是改善供水条件方面。

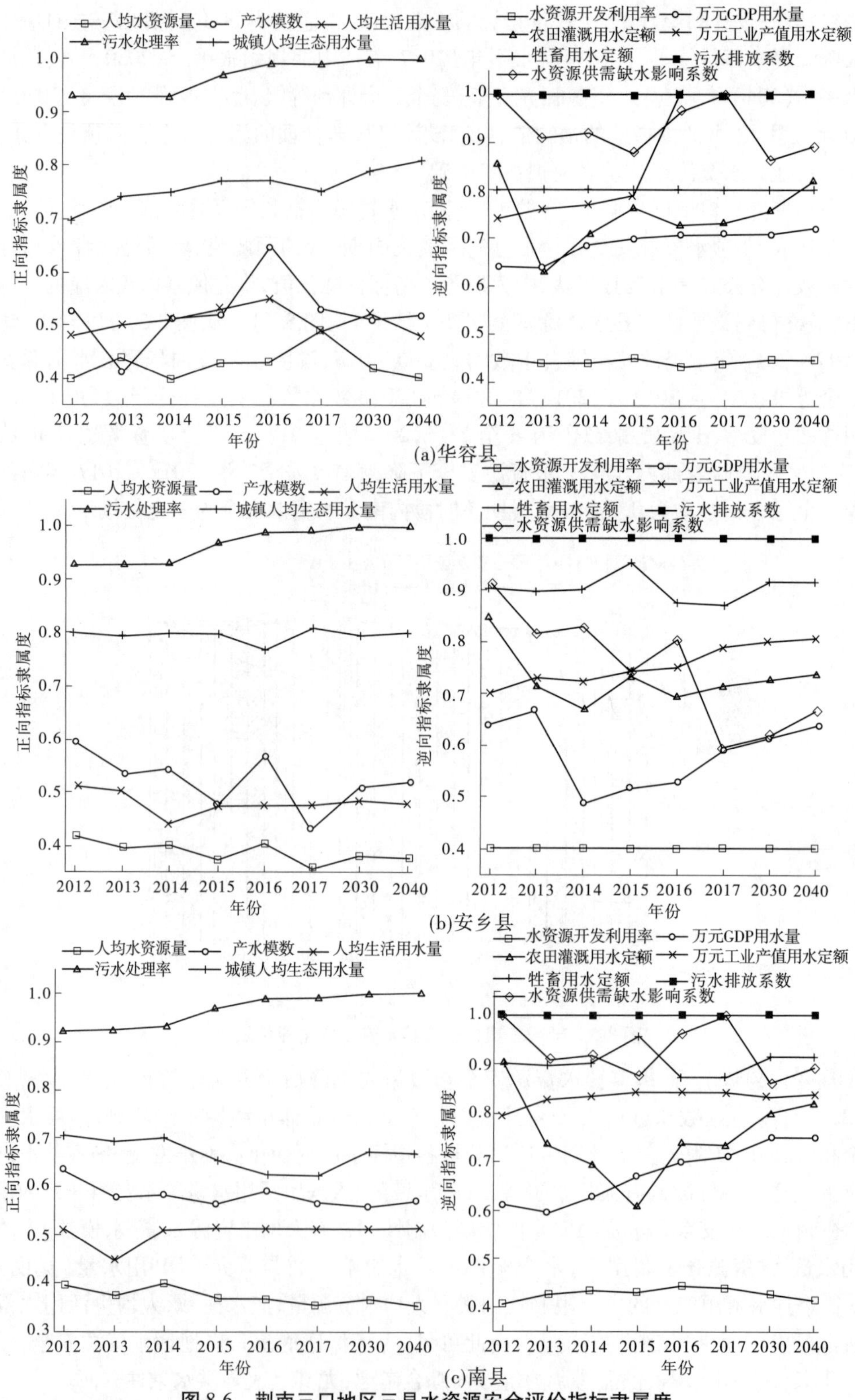

图 8-6　荆南三口地区三县水资源安全评价指标隶属度

从中远期预测的角度来看，随着人口增长、经济发展、降水量变化趋势不明显，要保证 2030 年、2040 年荆南三口三县水资源安全处于安全或临界安全等级，除了降低用水效率，如万元 GDP 用水量、万元工业产值用水定额、农田灌溉定额等，还需要采用有效措施，增加供水能力，增强荆南三口地区蓄水量、引水量和提水量。

8.3.2 水资源安全调控方案仿真模拟

8.3.2.1 水资源安全调控方案设计

水资源安全调控方案的目的是保障水资源安全，实现水资源可持续利用，有利于协调经济社会发展、生态环境保护与水资源之间的关系，协调近期、远期经济社会发展对水资源的需求。因此，水资源安全调控方案设计必须涉及经济社会发展、水资源量和质、生态环境等方面，应充分考虑经济社会发展速度、水资源供给能力等指标。根据荆南三口水系连通度演变特征、水资源情势变化、水文干旱特征与缺水响应以及水资源安全限制性因素的研究结果，并参考相关学者、专家的研究成果，结合河湖水系连通理论和实际，同时考虑荆南三口河系水资源安全调控方案对荆南三口地区水资源系统的模拟仿真，选取人口增长率、城市化率、工业产值增加率、第三产业产值增加率、牲畜增长率、渔业增长率、农田灌溉面积增加率、供水可利用比例 8 个主要参数，设计出该地区华容县、安乡县、南县各县 4 个不同的水资源安全调控方案（见表 8-7），模拟河湖水系连通前后 8 个主要影响参数变化对三县水资源供需平衡影响，通过分析得出各水资源安全调控方案的优劣，为相关部门的决策提供科学依据。

表 8-7 荆南三口地区水资源安全调控方案

行政区域	年份	方案	控支强干	河湖水系连通工程措施		
				建平原水库	疏浚引水	西水东调
华容县	2030	方案一：现状延续型				
		方案二：资源节约型		✓		
		方案三：经济发展型		✓	✓	✓
		方案四：综合协调型		✓	✓	
	2040	方案一：现状延续型				
		方案二：资源节约型		✓		
		方案三：经济发展型		✓	✓	✓
		方案四：综合协调型		✓	✓	
安乡县	2030	方案一：现状延续型				
		方案二：资源节约型	✓			
		方案三：经济发展型	✓	✓	✓	
		方案四：综合协调型	✓	✓	✓	
	2040	方案一：现状延续型				
		方案二：资源节约型	✓			
		方案三：经济发展型	✓	✓	✓	
		方案四：综合协调型	✓	✓	✓	

续表 8-7

行政区域	年份	方案	控支强干	河湖水系连通工程措施		
				建平原水库	疏浚引水	西水东调
南县	2030	方案一:现状延续型				
		方案二:资源节约型		✓		
		方案三:经济发展型		✓		✓
		方案四:综合协调型		✓		✓
	2040	方案一:现状延续型				
		方案二:资源节约型		✓		
		方案三:经济发展型		✓		✓
		方案四:综合协调型		✓		✓

衡量水资源安全调控方案优劣的标准主要是看水资源供需是否平衡,关键是要实现水资源利用效益最大化。由此认为,水资源安全调控方案设计全面考虑到影响经济社会发展、水资源用水效率指标以及供水能力,经济社会发展对水资源需求主要体现在生活需水、生产需水和生态需水(“三生”需水),即城镇生活需水、农村生活需水、农业需水、工业需水、第三产业以及城镇生态需水、河道生态需水,而“三生”需水与城镇、农村人口、农田灌溉面积、渔业、牲畜、工业产值、第三产业产值的总量和定额或用水效率密切相关;荆南三口地区供水能力与降水量、长江干流来水、水系连通度有关。鉴于此,方案设计是在考虑用水效益的情况下,结合荆南三口华容县、安乡县和南县的发展实际,通过设置影响城镇人口、农村人口、农田灌溉面积、渔业、牲畜、工业产值、第三产业产值等经济社会发展速度和水系连通工程、平水年水资源等供水能力来确定四种方案。

1. 方案一:现状延续型

方案一中按现状延续型发展模式,对于决策变量参数值维持现状,不采取任何措施,既不提高经济社会发展水平,也不降低经济社会发展水平,供水能力参照现状水平,不采取河湖水系连通工程措施,自动反馈仿真模拟。

2. 方案二:资源节约型

方案二即在方案一的基础上保持部分参数不变,降低人口增长率、城市化率、工业产值增加率、第三产业产值增加率、牲畜增长率、渔业增长率、农田灌溉面积增加率、供水可利用比例,同时加大水利投资力度,实施适宜的河湖水系连通工程,提高水系连通度。

3. 方案三:经济发展型

方案三即在方案一的基础上保持部分参数不变,提高人口增长率、城市化率、工业产值增加率、第三产业产值增加率、牲畜增长率、渔业增长率、农田灌溉面积增加率、供水可利用比例,同时加大水利投资力度,采取河湖水系连通工程措施,最大限度地提高水系连通度。

4. 方案四:综合协调型

增强供水能力,合理配置水资源,保护水资源,实现生产用水安全、生活用水安全、生态用水安全与社会持续健康发展。

8.3.2.2　系统模拟仿真

按照上述方案设计要求,根据湖南省及岳阳市、益阳市、常德市国民经济和社会发展“十三五”规划纲要、《洞庭湖区综合规划报告》、《洞庭湖四口河系水安全及综合调控》、年鉴统计数据以及国内发达地区与其他国家的发展经验,结合荆南三口地区三县实际(见表 8-8),以 2017 年为模拟基期,时间步长为 1 年,预测 2018 ~ 2040 年华容县、安乡县和南县水资源供需情况。华容县水资源安全调控方案定量指标的具体设计要求如下:

表 8-8　荆南三口三县 2017 年社会经济发展水平

行政区域	面积(km^2)	人口(万)	生产总值(亿元)	第一产业增加值(亿元)	第二产业增加值(亿元)	第三产业增加值(亿元)	牲畜量(万头)	渔业量(万亩)	农田灌溉面积(万亩)
华容县	1 607	73.11	327.59	66.99	144.19	116.41	106.27	1.03	74.70
安乡县	1 087	60.53	183.50	34.92	60.44	88.14	65.15	1.75	67.19
南县	1 065	78.43	206.50	54.40	42.20	109.90	112.27	0.25	38.09

方案一:人口增长率为 0.21%,城市化率为 0.49,工业产值增加率每年下降 0.01,第三产业产值增长率为 0.03,牲畜增长率为 0.008,渔业增长率 0.024,农田灌溉面积增加率为 0.001,供水可利用比例为 0.64,其余参数保持不变。

方案二:藕池河东支鲇鱼须建平原水库在预测年份遇丰水年份、平水年份和枯水年份可增加蓄水量分别为 0.26 亿 m^3、0.15 亿 m^3、0.1 亿 m^3,供水可利用比例为 0.64,人口增长率为 0.11%,城市化率为 0.49,工业产值增加率每年下降 0.01,第三产业产值增长率为 0.006,牲畜增长率为 0.005,渔业增长率为 0.019,农田灌溉面积增加率为 0.000 8,其余参数保持不变。

方案三:藕池河东支鲇鱼须建平原水库在预测年份遇丰水年份、平水年份和枯水年份可增加蓄水分别为 0.26 亿 m^3、0.15 亿 m^3、0.1 亿 m^3,华容河新华垸平原水库可增加蓄水 0.052 亿 m^3,疏挖藕池河东支(管家铺—梅田湖河—白景港—注子口河)1 m 深,近期可增加引水 0.1 亿 m^3,通过工程建设从松滋河东支下口小望角由西向东调水进入藕池河东支的注子口,可提水 0.19 亿 m^3,供水可利用比例为 0.64,人口增长率为 0.5%,城市化率为 0.55,工业产值增加率为 0.01,第三产业产值增长率为 0.01,牲畜增长率为 0.02,渔业增长率为 0.01,农田灌溉面积增加率为 0.02,其余参数保持不变。

方案四:藕池河东支鲇鱼须建平原水库在预测年份遇丰水年份、平水年份和枯水年份可增加蓄水分别为 0.26 亿 m^3、0.15 亿 m^3、0.1 亿 m^3,疏挖藕池河东支(管家铺—梅田湖河—白景港—注子口河)1 m 深,近期可增加引水 0.1 亿 m^3,供水可利用比例为 0.64,人口自然增长率 2017 年、2030 年、2040 年分别为 0.206%、0.472%、0.501%,城市化率 2017 年、2030 年、2040 年分别为 0.49、0.52、0.54,工业产值增加率 2017 年、2030 年、2040 年分别为 -0.01、0.01、0.01,第三产业产值增加率 2017 年、2030 年、2040 年分别为 0.03、0.01、0.01,牲畜增长率 2017 年、2030 年、2040 年分别为 0.008、0.02、0.03,渔业增长率 2017 年、2030 年、2040 年分别为 0.024%、0.001、0.008 9,农田灌溉面积增加率为 0.01,

万元工业产值用水定额 2017 年、2030 年、2040 年分别为 46 m^3/万元、40 m^3/万元、40 m^3/万元，农田灌溉用水定额 2017 年、2030 年、2040 年分别为 500 m^3/亩、483 m^3/亩、440 m^3/亩。

在四种假定的设计方案下模拟华容县水资源供需平衡，现状延续型、资源节约型、经济发展型和综合协调型的供水总量、总需水量、水资源供需缺口以及水资源缺水影响系数（见图 8-7）。

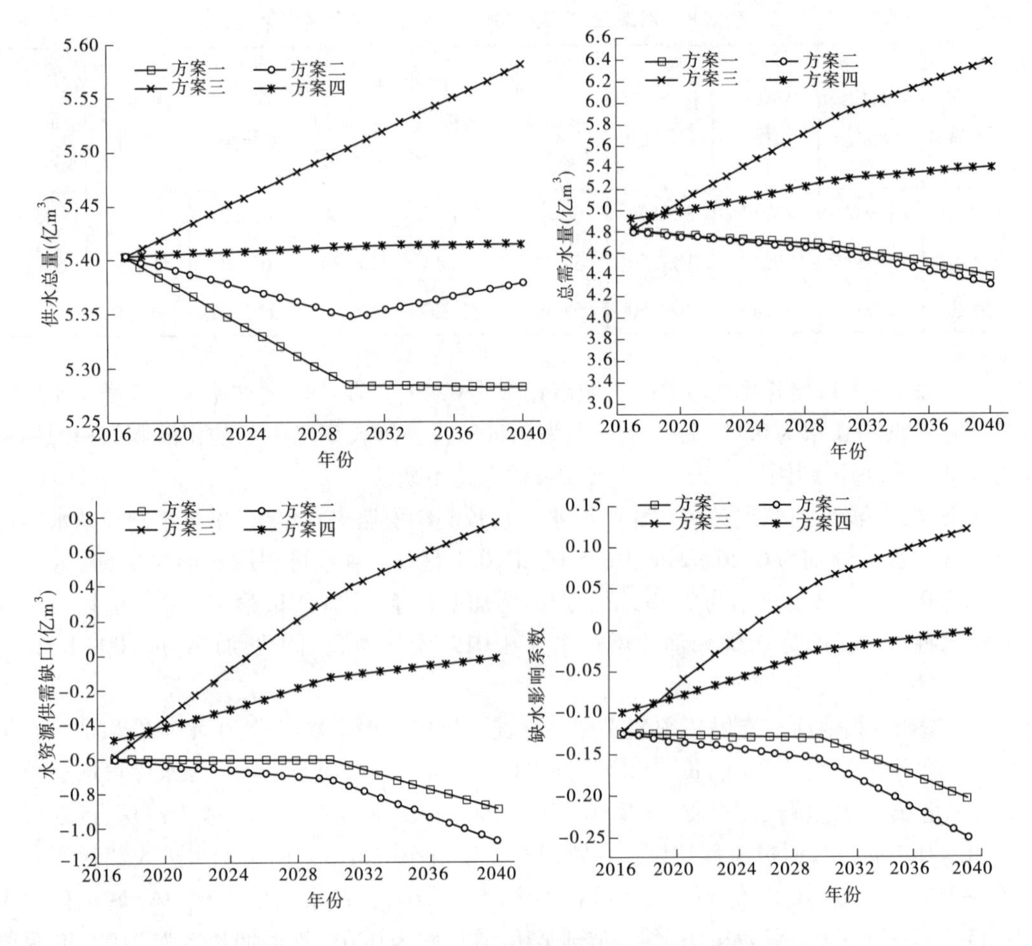

图 8-7　华容县水资源安全调控方案情景模拟结果

从图 8-7（供水总量图）中可以看出，实施河湖水系连通工程的方案二、方案三、方案四供水总量均高于常规引、蓄、提水方案一的供水总量，其中实施鲇鱼须平原水库、华容河新华垸平原水库、疏挖引水及西水东调措施的方案三供水总量高于河湖水系连通工程措施少的方案二、方案四。由此认为，加强水资源安全调控力度，有利于改善水资源供给，增强供水能力，降低水资源可利用比例。通过分析不同方案情景下华容县水资源供需缺口变化图（见图 8-7）可知，方案三（经济发展型）缺水量最多，2040 年达到 0.76 亿 m^3，即使通过增强水资源安全调控措施增加供水量，也远远不能填补缺额，且用水效益和污水处理、回用达到最优，方案二（资源节约型）、方案一（现状延续型）水资源盈余，方案一、方案二最小盈余均为0.59亿m^3,方案一最大盈余为0.89亿m^3,方案二最大盈余为1.07亿m^3,但方案一、方案二经济发展水平落后于方案三、方案四(见表8-9),2030年方案一总人口比方案三、方案四分别少2.88万、1.17万,方案二总人口比方案三、方案四分别少3.86万、2.15万;2040年方案一、方案二总人口比方案三、方案四分别少5.29万、3.36万人,7.04万、5.11万。2040年方案一工业产值比方案三、方案四分别少73.21亿元、55.28亿元,方案二工业产值比方案三、方案四分别少73.65亿元、5.72亿元。2040年第三产业产值分别少84.506亿元(方案一与方案三)、2.062亿元(方案一与方案四),116.528亿元(方案二与方案三)、34.084亿元(方案二与方案四)。2040年牲畜量分别少34.90万头(方案一与方案三)、32.05万头(方案一与方案四)、44.43万头(方案二与方案三)、41.58万头(方案二与方案四),农田灌溉面积分别少39.97万亩(方案一与方案三)、17.12万亩(方案一与方案四)、40.34万亩(方案二与方案三)、17.49万亩(方案二与方案四)。至此,方案一、方案二不利于华容县未来的发展。结合总需水量变化趋势图、缺水影响系数变化趋势图(见图8-6),方案三需水量大,缺水系数高,遇枯水年份,加大水资源安全调控也无法满足经济发展用水需求,影响经济社会可持续健康发展,但为了经济发展,又能保障水资源安全,2025年之前华容县可以按方案三规划华容县,2026~2040年选择方案四,方案四既能兼顾供水能力,又能保证经济持续稳定发展,若遇枯水年份,西水东调工程可以实施,同时可以提高水资源可利用比例。从整体来看,在综合协调型下,水资源供给能最大限度地满足华容县经济社会稳定发展需要,消耗一定水资源,逐步提高国内生产总值,提高用水效率,实施水资源安全调控措施降低水资源对社会经济发展的制约,实现社会经济与资源、环境的协调发展。

表8-9 不同模式下华容县经济发展水平变化情况

年份	总人口(万)				工业产值(亿元)			
	方案一	方案二	方案三	方案四	方案一	方案二	方案三	方案四
2017	73.37	73.37	73.37	73.37	114.29	114.29	147.33	114.29
2018	73.52	73.45	73.74	73.52	113.01	113.01	145.71	115.57
2019	73.68	73.53	74.10	73.69	111.73	111.73	144.36	116.85
2020	73.83	73.61	74.47	73.87	110.48	110.47	143.27	118.12
2021	73.99	73.69	74.85	74.07	109.23	109.22	142.43	119.39
2022	74.14	73.77	75.22	74.28	108.00	107.98	141.84	120.65
2023	74.30	73.85	75.60	74.51	106.78	106.75	141.49	121.91
2024	74.45	73.94	75.98	74.75	105.58	105.54	141.37	123.16
2025	74.61	74.02	76.36	75.01	104.39	104.33	141.49	124.41
2026	74.77	74.10	76.74	75.29	103.21	103.14	141.83	125.66
2027	74.92	74.18	77.12	75.58	102.05	101.96	142.41	126.90
2028	75.08	74.26	77.51	75.90	100.89	100.79	143.21	128.14
2029	75.24	74.34	77.89	76.22	99.75	99.62	144.23	129.38

续表 8-9

年份	总人口(万)				工业产值(亿元)			
	方案一	方案二	方案三	方案四	方案一	方案二	方案三	方案四
2030	75.40	74.42	78.28	76.57	98.63	98.48	145.49	130.61
2031	75.56	74.51	78.67	76.93	97.51	97.34	146.98	131.84
2032	75.71	74.59	79.07	77.29	96.40	96.20	148.49	133.07
2033	75.87	74.67	79.46	77.66	95.30	95.08	150.00	134.31
2034	76.03	74.75	79.86	78.04	94.20	93.95	151.53	135.54
2035	76.19	74.83	80.26	78.41	93.11	92.83	153.07	136.78
2036	76.35	74.92	80.66	78.79	92.03	91.72	154.62	138.02
2037	76.51	75.00	81.07	79.18	90.95	90.61	156.18	139.27
2038	76.67	75.08	81.47	79.57	89.87	89.50	157.76	140.52
2039	76.83	75.16	81.88	79.96	88.81	88.40	159.35	141.77
2040	77.00	75.25	82.29	80.36	87.74	87.30	160.95	143.02

年份	第三产业工业产值(亿元)				牲畜量(万头)			
	方案一	方案二	方案三	方案四	方案一	方案二	方案三	方案四
2017	116.833	116.833	116.833	116.241	105.86	105.86	105.86	105.66
2018	120.763	117.621	120.774	120.076	106.81	106.46	108.24	106.59
2019	124.559	118.416	124.850	123.817	107.78	107.06	110.63	107.63
2020	128.209	119.219	129.066	127.451	108.75	107.66	113.04	108.79
2021	131.701	120.028	133.427	130.960	109.73	108.27	115.46	110.06
2022	135.023	120.845	137.938	134.330	110.72	108.89	117.90	111.45
2023	138.165	121.670	142.603	137.547	111.71	109.50	120.36	112.96
2024	141.117	122.501	147.428	140.598	112.72	110.13	122.84	114.59
2025	143.873	123.341	152.418	143.469	113.74	110.76	125.33	116.35
2026	146.423	124.187	157.579	146.150	114.77	111.39	127.85	118.24
2027	148.763	125.041	162.916	148.629	115.80	112.03	130.38	120.27
2028	150.886	125.903	168.436	150.896	116.85	112.67	132.92	122.43
2029	152.789	126.773	174.143	152.944	117.91	113.32	135.49	124.74
2030	154.468	127.650	180.045	154.764	118.97	113.97	138.07	127.19
2031	155.922	128.535	186.148	156.350	120.05	114.63	140.67	129.80
2032	157.378	129.433	192.497	157.949	121.14	115.30	143.29	132.58
2033	158.838	130.345	199.103	159.561	122.25	115.98	145.95	135.56
2034	160.300	131.270	205.979	161.185	123.37	116.66	148.64	138.73
2035	161.765	132.209	213.137	162.822	124.52	117.36	151.35	142.12
2036	163.234	133.162	220.590	164.472	125.68	118.06	154.10	145.72
2037	164.706	134.129	228.353	166.135	126.86	118.78	156.88	149.55
2038	166.181	135.111	236.440	167.812	128.05	119.50	159.69	153.62
2039	167.660	136.109	244.867	169.502	129.27	120.24	162.54	157.96
2040	169.144	137.122	253.650	171.206	130.51	120.98	165.41	162.56

续表 8-9

年份	渔业量(万亩)				农田灌溉面积(万亩)			
	方案一	方案二	方案三	方案四	方案一	方案二	方案三	方案四
2017	1.06	1.06	1.06	1.05	74.58	74.58	74.58	73.77
2018	1.09	1.08	1.07	1.08	74.66	74.64	76.25	74.58
2019	1.12	1.10	1.08	1.11	74.74	74.71	77.93	75.40
2020	1.15	1.13	1.09	1.13	74.83	74.78	79.63	76.22
2021	1.18	1.15	1.10	1.15	74.91	74.84	81.34	77.04
2022	1.21	1.18	1.12	1.18	75.00	74.91	83.06	77.88
2023	1.24	1.20	1.13	1.19	75.08	74.98	84.79	78.71
2024	1.27	1.23	1.14	1.21	75.17	75.05	86.54	79.55
2025	1.31	1.25	1.15	1.23	75.25	75.12	88.29	80.40
2026	1.34	1.28	1.16	1.24	75.33	75.19	90.06	81.25
2027	1.38	1.31	1.17	1.25	75.42	75.26	91.84	82.10
2028	1.42	1.34	1.19	1.26	75.51	75.32	93.64	82.96
2029	1.46	1.37	1.20	1.26	75.59	75.39	95.44	83.82
2030	1.50	1.40	1.21	1.27	75.68	75.46	97.26	84.68
2031	1.54	1.43	1.22	1.27	75.76	75.53	99.09	85.55
2032	1.58	1.46	1.23	1.27	75.85	75.60	100.94	86.42
2033	1.62	1.49	1.24	1.27	75.93	75.67	102.82	87.31
2034	1.67	1.53	1.25	1.28	76.02	75.75	104.71	88.19
2035	1.71	1.56	1.27	1.28	76.11	75.82	106.62	89.09
2036	1.76	1.60	1.28	1.29	76.20	75.89	108.56	89.99
2037	1.81	1.63	1.29	1.30	76.29	75.96	110.52	90.90
2038	1.86	1.67	1.30	1.31	76.38	76.04	112.50	91.82
2039	1.92	1.71	1.31	1.32	76.47	76.11	114.50	92.75
2040	1.06	1.06	1.06	1.05	76.56	76.19	116.53	93.68

将河湖水系连通工程项目(见表8-10)和主要调控参数值(见表8-11)分别输入安乡县、南县水资源安全调控系统动力学模型进行模拟仿真和计算,得出主要决策变量仿真结果(见表8-12、表8-13)。

表 8-10　安乡县、南县河湖水系连通工程项目及供水情况

行政区域	河湖水系连通工程措施	项目	供水情况(亿 m^3)		
			蓄水	引水	提水
安乡县	控支强干	建闸控制松滋河东支大湖口、西支官垸河分别缩短防洪堤线 84.8 km、82 km	—	0.05	—
	建平原水库	松滋河东支大湖口平原水库、松滋河西支官垸平原水库	0.63	—	—
	疏浚引水	松滋河中支全河疏挖 1.5 m	—	0.16	—
	西水东调	—	—	—	
南县	控支强干	—	—	—	
	建平原水库	藕池河中、西支平原水库、虎渡河平原水库、三仙湖水库	0.85	—	—
	疏浚引水	—	—	—	—
	西水东调	从松滋东支下口小望角向东穿越虎渡河、藕池河中、西支	—	—	0.12

表 8-11　安乡县、南县不同水资源安全调控方案系统调控参数　(%)

行政区域	调控参数	方案一	方案二	方案三	方案四
安乡县	人口增长率	0.84	0.50	1.2	0.84
	城市化率	31	31	40	40
	工业产值增加率	8	3	10	4
	第三产业产值增加率	3	1	7	5
	牲畜增长率	1.3	0.8	2	1
	渔业增长率	0.6	0.3	1	0.6
	农田灌溉面积增加率	2	1	3	1.5
南县	人口增长率	1.42	0.9	2	1
	城市化率	43	40	45	43
	工业产值增加率	2	1	3	3
	第三产业产值增加率	1	0.8	3	2
	牲畜增长率	0.8	0.5	1	0.8
	渔业增长率	1	0.5	2	1
	农田灌溉面积增加率	2	1	2.5	1.5

表 8-12　不同水资源安全调控方案情景下安乡县主要决策参数模拟结果

主要变量	方案	2017 年	2030 年	2040 年
供水总量（亿 m^3）	方案一	4.12	5.00	5.19
	方案二	4.12	5.03	5.21
	方案三	4.12	5.74	5.94
	方案四	4.12	5.73	5.91
总需水量（亿 m^3）	方案一	4.14	5.51	6.67
	方案二	4.14	4.70	5.03
	方案三	4.14	6.35	8.41
	方案四	4.14	5.11	5.85
供需缺口*（亿 m^3）	方案一	0.02	0.52	1.48
	方案二	0.02	−0.34	−0.18
	方案三	0.02	0.60	2.47
	方案四	0.02	−0.62	−0.06
总人口（万）	方案一	60.53	67.48	73.37
	方案二	60.53	64.58	67.89
	方案三	60.53	70.68	79.64
	方案四	60.53	67.48	73.37
工业产值（亿元）	方案一	58.67	153.16	294.92
	方案二	58.67	87.30	119.21
	方案三	58.67	193.86	421.75
	方案四	58.67	100.90	153.36
第三产业产值（亿元）	方案一	85.61	132.72	158.98
	方案二	85.61	97.87	108.70
	方案三	85.61	199.90	346.63
	方案四	85.61	168.03	282.81
牲畜量（万头）	方案一	65.63	77.09	86.00
	方案二	65.63	73.06	79.46
	方案三	65.63	84.11	98.74
	方案四	65.63	75.32	83.77

续表 8-12

主要变量	方案	2017 年	2030 年	2040 年
渔业量（万亩）	方案一	1.76	1.90	1.99
	方案二	1.76	1.83	1.89
	方案三	1.76	1.99	2.16
	方案四	1.76	1.91	2.04
农田灌溉面积（万亩）	方案一	65.93	84.38	99.80
	方案二	65.93	75.38	83.72
	方案三	65.93	95.48	121.33
	方案四	65.93	81.02	94.99

注：* 水资源供需缺口 = 总需水量 - 供水总量。

表 8-13　不同水资源安全调控方案情景下南县主要决策参数模拟结果

主要变量	方案	2017 年	2030 年	2040 年
供水总量（亿 m^3）	方案一	4.17	4.01	4.18
	方案二	4.17	4.09	4.25
	方案三	4.17	4.24	4.34
	方案四	4.17	4.58	4.69
总需水量（亿 m^3）	方案一	2.49	3.26	3.94
	方案二	2.49	2.81	3.13
	方案三	2.49	3.59	4.55
	方案四	2.49	3.15	3.77
供需缺口（亿 m^3）	方案一	-1.68	-0.75	-0.24
	方案二	-1.68	-1.28	-1.12
	方案三	-1.68	-0.65	0.21
	方案四	-1.68	-1.44	-0.93
总人口（万）	方案一	78.55	94.36	108.65
	方案二	78.55	88.26	96.53
	方案三	78.55	101.62	123.87
	方案四	78.55	89.40	98.76
工业产值（亿元）	方案一	40.71	58.93	73.97
	方案二	40.71	49.83	57.32
	方案三	40.71	73.93	110.17
	方案四	40.71	66.31	90.96

续表 8-13

主要变量	方案	2017 年	2030 年	2040 年
第三产业产值（亿元）	方案一	101.15	121.86	136.61
	方案二	101.15	118.93	133.06
	方案三	101.15	159.67	219.04
	方案四	101.15	151.02	197.37
牲畜量（万头）	方案一	112.03	130.06	142.53
	方案二	112.03	123.99	133.03
	方案三	112.03	132.74	147.66
	方案四	112.03	131.71	146.72
渔业量（万亩）	方案一	0.26	0.31	0.35
	方案二	0.26	0.28	0.31
	方案三	0.26	0.37	0.46
	方案四	0.26	0.31	0.36
农田灌溉面积（万亩）	方案一	37.95	54.93	68.95
	方案二	37.95	46.45	53.44
	方案三	37.95	60.18	78.38
	方案四	37.95	51.32	62.77

由表 8-12、表 8-13 可知，伴有河湖水系连通工程项目的方案供水能力要比单纯控制经济社会发展、调整产业结构、提高用水效率强，供水量大，且水资源可利用比例空间大。在方案三中安乡县建闸控制松滋河东支大湖口、西支官垸河分别缩短防洪堤线 84.8 km、82 km，建设松滋河东支大湖口平原水库和松滋河西支官垸平原水库，疏挖松滋河中支全河 1.5 m 深，$P=50\%$，2030 年该县供水量为 5.74 亿 m^3，2040 年为 5.94 亿 m^3，分别比方案一（没有实施河湖水系连通工程措施）多 0.74 亿 m^3、0.75 亿 m^3，水资源可利用比例为 88%；在方案三中南县在藕池河中、西支、虎渡河、三仙湖等建设平原水库，从松滋东支下口小望角向东穿越虎渡河、藕池河中、西支，$P=50\%$，2030 年该县供水量为 4.24 亿 m^3，2040 年为 4.34 亿 m^3 分别比方案一多 0.13 亿 m^3、0.16 亿 m^3，水资源可利用比例为 66%。从方案一经济社会发展水平来看，安乡县、南县 2030 年、2040 年总人口、工业产值、第三产业产值、牲畜量、渔业量、农田灌溉面积仅比方案三（经济发展型）稍低，但就水资源供需缺口而言，安乡县 2030 年（$P=50\%$）供需缺口缺额为 0.52 亿 m^3，2040 年（$P=50\%$）为 1.48 亿 m^3，南县供需缺口盈余仅为 0.75 亿 m^3、0.24 亿 m^3。由此认为，在现状延续型下，若不有效实施河湖水系连通工程措施，荆南三口地区在今后的发展过程中会面临越来越严峻的水资源压力。

安乡县、南县经济发展水平不同、水资源开发利用率也不同，其水资源安全调控方案的阶段性选择上有差异，由图 8-7 可知，安乡县 2017 年缺水影响系数就大于 0，主要是由于该地区水资源开发利用率超过 90%，若按现状延续型和经济发展型方案，未来安乡县水资源安全状况凸显。因此，无论是长期还是近期规划安乡县只能选择资源节约型或综合协调性方案，由于方案二经济发展水平低，发展速度慢，发展模式较保守，安乡县选择方案四（综合协调型）较为合理，因为方案四综合考虑现状延续型和经济发展型，同时兼顾供水能力和供水量，在方案二中，安乡县 2030 年总人口、工业产值、第三产业产值、牲畜量、渔业量、农田灌溉面积分别为 64.58 万、87.30 亿元、97.87 亿元、73.06 万头、1.83 万亩、75.38 万亩，比方案四分别少 2.90 万、13.60 亿元、70.16 亿元、2.26 万头、0.08 万亩、5.64 万亩，2040 年 67.89 万、119.21 亿元、108.70 亿元、79.46 万头、1.89 万亩、83.72 万亩，比方案四分别少 5.48 万、34.16 亿元、174.12 亿元、4.31 万头、0.15 万亩、11.27 万亩。由此可见，方案四能合理开发利用水资源，且效益最大化，能使安乡县社会经济持续发展、水资源持续利用。

南县水资源开发利用率约为 65%，方案一、方案三（2034 年之前）、方案四（方案二发展速度慢，不予考虑）缺水影响系数均小于 0（见图 8-8），方案一、方案三（2034 年之前）、方案四均能保障水资源安全，三种方案可以作为南县水资源安全调控方案，方案一维持 2017 年发展水平，不提高水系连通工程增加供水能力，其经济发展水平低于方案三、方案四（见表 8-13），方案三（经济发展型）2018 ~ 2034 年可以采取此发展模式，但 2035 ~ 2040 年则采取综合协调模式，综合协调型方案均能使南县 2018 ~ 2040 年社会经济持续发展、水资源持续利用。

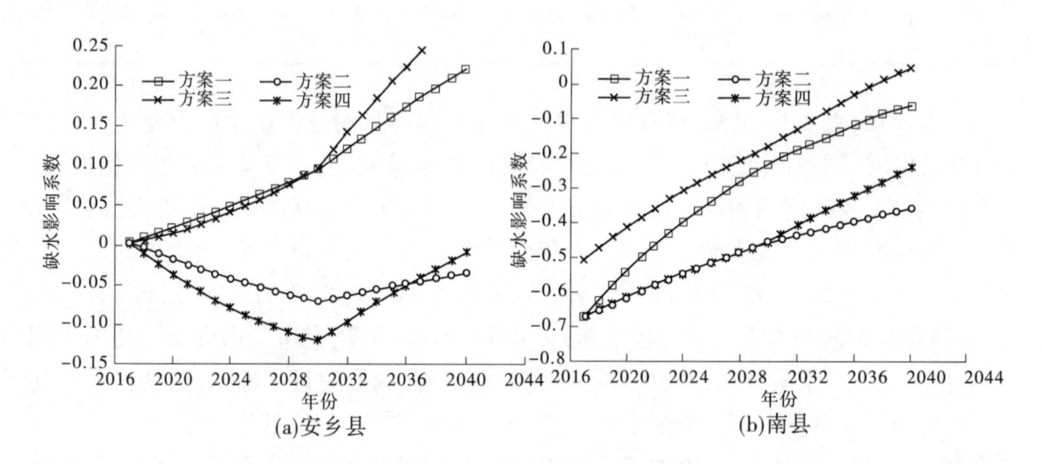

图 8-8　安乡县、南县水资源安全调控方案缺水影响系数模拟结果

综上所述，综合协调型方案综合考虑现状延续型、资源节约型和经济发展型的优缺点，增强供水能力，合理配置水资源，提高水资源利用效率，保护水资源，实现生产用水安全、生活用水安全、生态用水安全与社会持续健康发展，此方案适合于华容县、安乡县和南县水资源安全调控，但综合协调型方案各区域调控参数存在差异。2018 ~ 2025 年华容县水资源安全调控方案可以选择经济发展型，2026 ~ 2040 年则选择综合协调型方案，保障水资源安全，实现水资源可持续利用；安乡县只能选择综合协调型方案；2018 ~ 2034 年南

县可以选择经济发展型,但 2035 ~2040 年则选择综合协调方案。

8.4　水资源安全调控方案选优

8.4.1　对比分析选优

前述分析了方案一、方案二、方案三、方案四模拟运行状况及结果,阐述了各方案的优缺点,为了筛选出最优水资源安全调控方案,对比分析四种方案。由表 8-13 可知,华容县方案三需水量最大,近期需水量比方案一、方案二、方案四分别多 1.2 亿 m^3、1.25 亿 m^3、0.59 亿 m^3,远期分别多 2 亿 m^3、2.08 亿 m^3、0.99 亿 m^3,维持“三生”用水效率较高情况下,水资源需求量大,主要是由经济社会发展快,导致发展水平高所致,方案三近期(远期)总人口分别比方案一、方案二、方案四多 2.89(5.30)万、3.86(7.04)万、1.72 (1.93)万,近远期工业产值、第三产业产值、牲畜量、渔业量、农田灌溉面积均比方案一、方案二、方案四高。可是,从供水总量上看,华容县方案三供水量也最大,近期供水量比方案一、方案二、方案四分别多 0.22 亿 m^3、0.16 亿 m^3、0.09 亿 m^3,远期分别多 0.30 亿 m^3、0.20 亿 m^3、0.17 亿 m^3,意味着现状条件或加大水资源安全调控力度提高供水能力不能满足此时经济社会发展水平,近期方案三供需缺口为 0.34 亿 m^3,远期供需缺口为 0.76 亿 m^3,水资源供需不平衡,表明方案三调控方案不适合华容县。

由表 8-13 可知,方案二需水量最小,近期需水量比方案一、方案三、方案四分别少 0.05亿 m^3、1.25 亿 m^3、0.66 亿 m^3,远期分别多 0.09 亿 m^3、2.08 亿 m^3、1.10 亿 m^3,经济社会发展水平较低,方案二近期(远期)总人口分别比方案一、方案三、方案四少 0.97 (1.75)万人、3.86(7.04)万人、2.14(5.12)万,近远期工业产值、第三产业产值、牲畜量、渔业量、农田灌溉面积均比方案一、方案三、方案四少,尽管水资源盈余,但未实现水资源利用效益最大化,方案二抑制华容县经济社会发展,不宜选取。

方案一供水总量最小,近期供水量比方案二、方案三、方案四分别少 0.06 亿 m^3、0.22 亿 m^3、0.13 亿 m^3,远期分别多 0.10 亿 m^3、0.30 亿 m^3、0.30 亿 m^3,但华容县供需缺口近期比方案三、方案四分别少 0.95 亿 m^3、1.66 亿 m^3,远期分别少 0.47 亿 m^3、0.87 亿 m^3,且该县近期水资源盈余 0.61 亿 m^3,远期盈余 0.89 亿 m^3,按目前经济社会发展水平,选择此方案甚为适合。不过,随着经济社会快速发展,经济发展水平仍存在差距,未来发展目标仍停留在此发展水平上,差距会越来越大。因此,要不断提高经济发展,通过实施水资源安全调控措施增强供水能力,实现地区经济又好又快地健康发展,促进经济社会发展目标、生态环境目标与水资源供给之间的协调。

方案四需水量高于方案一、方案二,低于方案三,近远期需水量比方案一、方案二分别多 0.61 亿 m^3(1.01 亿 m^3)、0.66 亿 m^3(1.10 亿 m^3),比方案三少 0.59 亿 m^3(0.99 亿 m^3),社会经济发展水平处于方案一与方案三之间(见表 8-14),供水量处于方案二、方案三之间,有效地结合了方案三经济社会发展水平,同时考虑方案二、方案三水系连通工程增强供水能力,使华容县水资源供需平衡,供需缺口有少量盈余,实现近期和远期经济社会发展与水资源协调。因此,方案四是华容县水资源安全调控方案最优者。

表 8-14 不同水资源安全调控方案情景下华容县主要决策参数对比

主要变量	方案	与方案一对比		与方案二对比		与方案三对比	
		2030 年	2040 年	2030 年	2040 年	2030 年	2040 年
供水总量（亿 m^3）	方案二	0.06	0.10				
	方案三	0.22	0.30	0.16	0.20		
	方案四	0.13	0.13	0.07	0.04	-0.09	-0.17
总需水量（亿 m^3）	方案二	-0.05	-0.09				
	方案三	1.20	2.00	1.25	2.08		
	方案四	0.61	1.01	0.66	1.10	-0.59	-0.99
供需缺口（亿 m^3）	方案二	-0.11	-0.18				
	方案三	0.95	1.66	1.06	1.84		
	方案四	0.475	0.87	0.59	1.06	-0.48	-0.78
总人口（万）	方案二	-0.97	-1.75				
	方案三	2.89	5.30	3.86	7.04		
	方案四	1.17	3.37	2.14	5.12	-1.72	-1.93
工业产值（亿元）	方案二	-0.15	-0.44				
	方案三	46.87	73.21	47.02	73.65		
	方案四	31.99	55.28	32.14	55.72	-14.88	-17.93
第三产业产值（亿元）	方案二	-26.82	-32.02				
	方案三	25.58	84.51	52.40	116.53		
	方案四	0.30	2.06	27.11	34.08	-25.28	-82.44
牲畜量（万头）	方案二	-5.00	-9.52				
	方案三	19.10	34.91	24.09	44.43		
	方案四	8.22	32.05	13.22	41.58	-10.88	-2.85
渔业量（万亩）	方案二	-0.10	-0.22				
	方案三	-0.29	-0.65	-0.19	-0.43		
	方案四	-0.23	-0.64	-0.13	-0.42	0.06	0
农田灌溉面积（万亩）	方案二	-0.21	-0.37				
	方案三	21.59	39.97	21.80	40.34		
	方案四	9.01	17.12	9.22	17.49	-12.58	-22.85

同理，对荆南三口安乡县、南县现状延续型、资源节约型、经济发展型、综合协调型四种水资源安全调控方案进行对比分析，得出与华容县一致的结论。由此认为，荆南三口地区选用综合协调型适合于当地经济社会发展需要，实现水资源利用效益最大化，保障水资源的可持续利用。

8.4.2　定量评价选优

为了清晰地看出水资源安全调控方案在经济、社会、资源、环境等方面的综合最优性，运用层次分析法对不同水资源安全调控方案情景模拟决策参数进行定量评价。依据研究方法确定不同水资源安全调控方案主要决策参数权重及模拟值归一化数据（见表 8-15），经计算可以得到华容县、安乡县、南县水资源安全调控方案评价值，由表 8-16 可知，方案三和方案四评分值相差不大，但在实际发展运行过程中，一旦水资源短缺，势必会严重影响社会经济发展，尤其是工业、农业高用水产业会由于缺水导致工厂停产、农业减产，进而影响其他产业发展及城市化进程；方案二排序为第三或第四，主要是由于发展过于保守，闲置了较多资源，社会经济发展速度与科学技术不匹配；方案一保持现状发展模式，但由于未开发利用水资源，很难达到可持续发展；方案四综合考虑各种因素，方案最优，与上述对比分析相吻合。因此，荆南三口地区基于 SD 的水资源安全调控方案应选择综合协调型。

表 8-15　安乡县不同水资源安全调控方案主要决策参数权重及归一化结果

主要决策参数及权重	方案	2017 年	2030 年	2040 年
供水总量（0.086）	方案一	0	0.04	0.05
	方案二	0	0.04	0.05
	方案三	0	0.08	0.09
	方案四	0	0.08	0.08
总需水量（0.083）	方案一	0.08	0.06	0.03
	方案二	0.08	0.07	0.07
	方案三	0.08	0.04	0
	方案四	0.08	0.06	0.05
供需缺口（0.301）	方案一	0.24	0.19	0.10
	方案二	0.24	0.27	0.26
	方案三	0.24	0.18	0
	方案四	0.24	0.30	0.25
总人口（0.105）	方案一	0	0.04	0.07
	方案二	0	0.02	0.04
	方案三	0	0.06	0.11
	方案四	0	0.04	0.07
工业产值（0.083）	方案一	0	0.02	0.05
	方案二	0	0.01	0.01
	方案三	0	0.03	0.08
	方案四	0	0.01	0.02

续表 8-15

主要决策参数及权重	方案	2017 年	2030 年	2040 年
第三产业产值（0.102）	方案一	0	0.02	0.03
	方案二	0	0	0.01
	方案三	0	0.04	0.10
	方案四	0	0.03	0.08
牲畜量（0.101）	方案一	0	0.03	0.06
	方案二	0	0.02	0.04
	方案三	0	0.06	0.10
	方案四	0	0.03	0.06
渔业量（0.042）	方案一	0	0.01	0.02
	方案二	0	0.01	0.01
	方案三	0	0.02	0.04
	方案四	0	0.02	0.03
农田灌溉面积（0.097）	方案一	0	0.03	0.06
	方案二	0	0.02	0.03
	方案三	0	0.05	0.10
	方案四	0	0.03	0.05

注：表中 0 值表示归一化处理时为最小值，其计算公式：$x' = (x_{ij} - x_{\min})/(x_{\max} - x_{\min})$。

表 8-16　荆南三口地区水资源安全调控方案综合评价评分及排序结果

行政区域	方案	2017 年	2030 年	2040 年	排序
华容县	方案一	0.354	0.405	0.523	3
	方案二	0.354	0.399	0.513	4
	方案三	0.354	0.414	0.545	2
	方案四	0.354	0.439	0.586	1
安乡县	方案一	0.322	0.448	0.480	4
	方案二	0.322	0.469	0.526	3
	方案三	0.322	0.562	0.616	2
	方案四	0.322	0.593	0.686	1
南县	方案一	0.404	0.384	0.438	4
	方案二	0.404	0.425	0.496	3
	方案三	0.404	0.484	0.572	2
	方案四	0.404	0.589	0.668	1

综上所述,以经济发展型开发利用水资源能提高工业、第三产业产值,也能不断加快城市化进程,但单纯追求社会经济的快速发展,即使实施水资源安全调控措施、提高用水效率也不能避免给荆南三口地区造成巨大的水资源压力和水环境负担,当水资源损耗量增多,势必会出现经济发展挤占生态环境用水的现象,严重地破坏了该地区社会经济的可持续发展。以资源节约型利用水资源,可以保证水资源盈余,也不需要建设水系连通工程项目,但社会经济发展缓慢,人们对美好生活的向往和追求的步伐将变慢。因此,可以认为,从现状延续型、资源节约型、经济发展型和综合协调型四种模式的定量和定性分析来看,综合协调型在供水、经济发展、水资源供需平衡、缺水影响系数等方面都体现出很强的优势,能为荆南三口地区水资源综合利用、水资源安全提供科学的参考依据。

8.5　实施基于水资源安全的综合发展模式具体措施

如前文所述,方案四综合协调型的实质是如何实现水资源安全,于是从提高水系连通度、增强供水能力、合理配置水资源、保护水资源等方面,实现生产用水安全、生活用水安全、生态用水安全与社会持续健康发展。

8.5.1　提高水系连通度,增强供水能力

加快新水源工程建设步伐,加大水利工程更新改造力度,通过实施水系连通工程、水源工程,提高水系连通度,增强供水能力。

8.5.1.1　实施水系连通工程

水系连通度大小制约着水资源量和质,影响水资源配置和调蓄能力,通过实施水系连通工程提高水系连通度,进而增强区域供水能力,不断保障区域社会经济发展、人口增长对水资源的需求,实现经济、社会、环境、生态的可持续发展。荆南三口地区实施水系连通工程的具体措施包括控支强干、堵支并流、疏浚河道、西水东调等。

藕池河系通过在藕池西支、藕池中支陈家岭河、藕池东支鲇鱼须河建闸控制支叉数量,同时,疏挖藕池河东支主过洪道 1 m,高洪水位时开闸行洪,增强过水能力,有效调节汛期洪水排泄和非汛期蓄水,提高水系连通度。松滋河系控支强干方案是在东支大湖口河、西支官垸河建闸控制,缩短防洪堤线约 166.8 km,其中东支 84.8 km、西支 82 km,有效控制支流,增加南县地区水资源供给,此外疏挖松滋河东支主过洪道 1.5 m,高洪水位时开闸行洪,有效地调节该河系汛期洪水排泄和非汛期蓄水。

松滋河西支自三峡水库运行后,尤其是遇长江特枯(2006)来水的情况下,该河系 2 月 13 日最小日平均流量 1.88 m^3/s,也未曾出现过断流且水资源相对较为稳定,针对藕池河、虎渡河下游水资源短缺问题,可以通过实施西水东调工程给予解决,其方案是由西向东从松滋东支下口小望角穿越虎渡河、藕池河中支、西支连接藕池东支的注子口注入东洞庭湖,使河长、河网密度增大,从而提高水系连通度。

8.5.1.2　实施水源工程

通过建设平原水库,增加水面率,增强水系调蓄能力,改变水系结构,保障水资源在时间上的合理分配。藕池河系平原水库建设方案:①东支鲇鱼须河长为 26 km,进出口河段

底部高程分别为 29 m、23 m，平原水库建成后正常水位 36 m 时蓄水容量为 0.4 亿 m^3；②中支上闸建在黄金咀荷花咀，下闸建在中支与西支合流三岔河，河道长度 75 km，最大可调蓄库容 0.76 亿 m^3；③西支上闸建在康家岗，下闸建在下柴市，河道长度 86 km，最大可调蓄库容 0.83 亿 m^3；④沱江上下口建闸，正常蓄水位 33 m，最大可调蓄库容 0.94 亿 m^3。虎渡河系平原水库建设方案：中游南闸为上闸，下闸建在下游安乡小河口，河道长度 42.7 km，最大可调蓄库容 0.64 亿 m^3。松滋河系平原水库建设方案：①东支大湖口在瓦窑河建闸，河道长度 37 km，最大可调蓄库容 0.53 亿 m^3，是西水东调的重要水源；②西支官垸河青龙窖建上闸，毛家渡建下闸，河道长度 35.5 km，最大可调蓄库容 0.52 亿 m^3。

8.5.2 合理配置水资源

8.5.2.1 建立“多源互补、丰枯调剂”的供水工程管理体系

为了解决水资源时空分布不均，提高水资源在时空上的调配能力，建立“多源互补、丰枯调剂”的供水工程体系。由表 8-17 可知，荆南三口地区不同区域不同水平年水资源量存在很大差异，新江口、沙道观、弥陀寺、管家铺、康家岗丰水年比枯水年分别多 296.90 亿 m^3、116.57 亿 m^3、147.56 亿 m^3、278.05 亿 m^3、24.61 亿 m^3，管家铺、康家岗变化较大，新江口减少最多，从年内变化来看，康家岗断流天数最多，新江口变化较为稳定，一年四季均有径流，因此可以实施西水东调工程，将松滋河西支水资源调至藕池河西支、东支，补充管家铺、康家岗地区水资源短缺问题；另外，合理布局荆南三口河系鲇鱼须、藕池河中西支、虎渡河下游、大湖口河、官垸河、三仙湖等平原水库，有效实现雨洪资源化，建立“多源互补、丰枯调剂”的供水工程管理体系。

表 8-17 荆南三口地区不同水平年水资源量 （单位：亿 m^3）

年份	水平年	新江口	沙道观	弥陀寺	管家铺	康家岗
1998	丰水年	405.60	127.00	181.90	306.70	25.08
2001	平水年	239.20	52.10	101.50	96.21	4.13
2006	枯水年	108.70	10.43	34.34	28.65	0.47

8.5.2.2 产业结构调整与升级，水资源各行业间合理配置

在水资源供给有限的条件制约下，要实现经济的持续快速增长，需要顺应经济形势发展，注重调整产业结构，合理配置水资源。从 2012 ~ 2017 年荆南三口地区华容县、安乡县、南县产业结构各产业的比重来看，第三产业比重逐渐加大，第二产业比重在持续下降。随着经济高速发展，产业结构要不断优化与升级，通过转换各行业间的用水实现供需平衡。华容县通过实施特色农业、优势工业，提质现代服务业，加速推进产业发展省级。安乡县通过发展循环经济产业、高科技产业、环保产业，打造两型生态工业园，提升工业技术水平；农业供给侧结构性改革，启动现代农业发展，遵循“三水特色调结构，四水模式增效益”的原则，大力推广水产健康养殖、稻虾共生、水生蔬菜特色种植模式；提速发展现代服务业，积极发展电子商务，倡导“旅游 +”理念，推行农旅结合发展模式，做强金融产业，发展现代物流业，巩固提升餐饮、住宿和娱乐等传统服务业水平，推动生活性服务业向便利

化、精细化、品质化发展。南县推进工业产业转型升级,着力打造一体化产业集群(纺纱、织布、成衣、品牌服装与对外加工贸易以及米、面、菜、虾、龟、鱼等种养加销),打造品牌农业之路,培育新型业态推进现代服务业发展。

8.5.3 提升水资源利用效率

国家已提出实施最严格水资源管理制度,通过设置用水总量、用水效率以及水功能区限制纳污等控制红线来改善人水关系,实现人水和谐,有效地保护水资源。

8.5.3.1 实现农业高效节约用水

近年来,荆南三口地区农田灌溉用水定额呈波动增加趋势(见图8-9),在450 m^3/亩附近上下浮动,最大值为600 m^3/亩(2015年南县),最小值400 m^3/亩(2012年南县),区域间存在差异。与湖南省、湖北省农田灌溉用水定额相比,远高于湖北省高用水定额305 m^3/亩($P=85\%$),更高于湖南省高用水定额385 m^3/亩($P=90\%$),说明荆南三口地区农田灌溉用水定额是相当高的,意味着可以通过提高农田灌溉用水定额,实现农业高效节约用水。鉴于此,荆南三口华容县、安乡县、南县充分利用膜上灌溉、喷灌、微灌、冬灌、播前灌等灌溉方法提高灌溉用水效率,同时有效调整农业结构,着力推行相关节水技术,如节约用水培植等,进而实现农业高效节约用水。

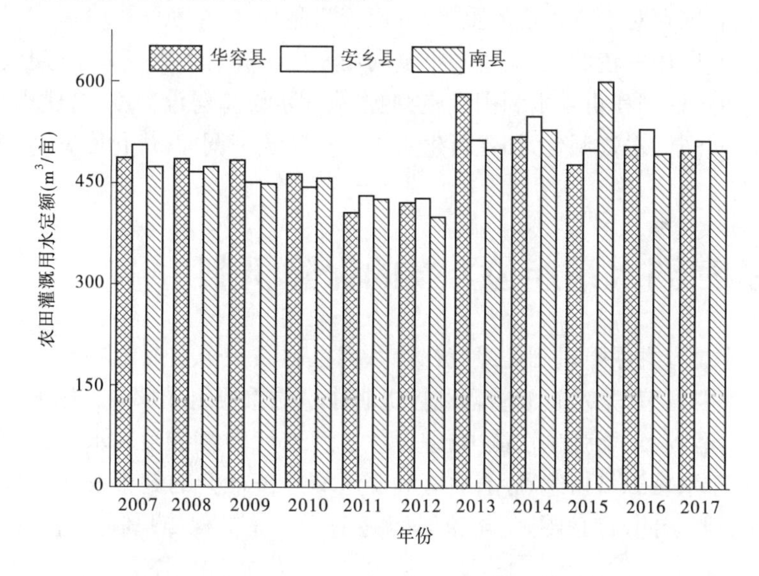

图8-9 荆南三口地区农田灌溉用水定额变化情况

8.5.3.2 提高国民经济用水效率

据数据统计,2007~2017年荆南三口地区万元工业产值用水量、万元GDP用水量均呈显著减少趋势(见图8-10),2017年华容县、安乡县、南县万元工业产值用水量分别为41 m^3/万元、56 m^3/万元、27 m^3/万元,万元GDP用水量分别为129 m^3/万元、180 m^3/万元、130 m^3/万元,与全国平均水平相比,华容县、南县万元工业产值用水量已低于全国平均水平(53 m^3/万元),南县万元工业产值用水量也基本接近全国平均水平,但三县万元GDP用水量均高于全国平均水平(81 m^3/万元),说明第一产业产值或第三产业产值提高用水效率空间比较大。三县万元工业产值用水量空间上差异明显,南县继续保持,按此用水定额发展工业,华容县和安乡县借鉴南县经验,提高用水效率,同时加大第一产业产值、第三产业产值万元用水量。

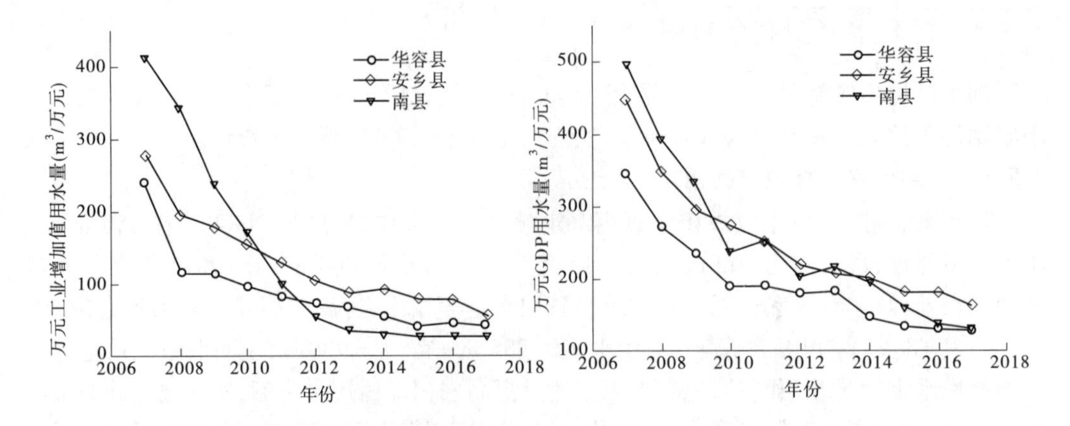

图 8-10　荆南三口地区万元工业增加值、万元 GDP 用水量变化情况

8.5.3.3　提高污水回用率、工业用水重复利用率

近年来,随着国家对生态环境的重视,荆南三口地区生活污水处理率、工业废水处理率都很高,但污水回用率较低,工业用水重复利用率也不高。荆南三口华容县、安乡县、南县要加快建设污水处理和再生水利用设施,加强输配水设施建设力度,构建排水和再生水运营维护体系,实现污水资源化,加强再生水与水资源统一调配,优化配置,实现水资源循环利用。

8.6　实施河湖水系连通方案的保障机制

河湖水系连通方案保障机制是组成社会系统机制的一个重要组成部分,是实施水资源优化配置的重要环节,是水资源管理调控机制体系的重要组成部分。据前述分析,实施河湖水系连通工程项目,增强供水能力,综合考虑地方社会经济发展水平,提高水资源综合利用率,有利于水资源可持续利用,更有利于区域经济社会的健康发展,实现人们对美好生活的向往。鉴于此,有必要对实施河湖水系连通方案的保障机制进行分析。

8.6.1　完善河湖水系连通工程的投资机制

河湖水系连通工程的投资可以采取投入资金多渠道筹措机制,即政府、社会和使用者共同投资、共同管理相结合的机制。河湖水系连通工程项目属于大型水利设施,具有公益性,因此需要建立健全以政府投资为主,社会投资为辅的投入资金筹措机制,积极鼓励社会资本以多种形式参与河湖水系连通工程建设运营。

8.6.2　完善相关政策法规

建立健全水资源相关政策法规是水资源可持续利用、保护水资源安全的基本保障。

做到有法可依,只有水资源相关政策法规完善、健全,水资源管理才能有倚仗与依据。为了加强保护荆南三口地区河湖水系连通工程项目建设后的环境质量,优化配置水资源,建设水文共荣、林水相依、人水和谐的生态文明发展模式,制定加强水资源连通工程环境保护和管理办法,建立健全工作机制,改进创新管理模式,强化工程实施管理,完善长效机制,切实加大问责追责力度,营造保护水系的良好氛围。为了高效利用、合理配置水资源,保障荆南三口地区河湖水系连通工程的用水需求、防洪治涝和水环境安全,充分发挥其经济效应、社会效应和生态效应,建立健全荆南三口地区河湖水系供水调度管理意见。

8.6.3　优化产业结构升级,提高用水效率

荆南三口地区是湖南省重要的商品粮基地,主要农作物有水稻、蔬菜、棉花、苎麻、油菜等,该地区农业发展模式较传统,为了更好地实现农业与水资源的协调发展,需大力推进农业现代化,不断促进农业用水效率和农业生产的提升。优化调整工业结构,不断更新升级耗水量大的机械设备,淘汰高耗能落后设备甚至关闭企业,提高工业废水处理率和回用率,实现工业与水资源的协调发展。大力发展第三产业,有针对性地在人流量大、经济较繁华的地区大力发展物流业和金融业等新兴产业,在有条件、旅游资源旺盛的地方,大力发展旅游业,如以南县美食为核心旅游竞争力,大力发展励志旅游和生态旅游,同时发展以美食为依托的休闲游、工业游、文化游等特色旅游,树立"游在洞庭,食在南县"的品牌战略定位。

8.6.4　实现水资源一体化管理机制

水资源管理的"多龙治水"现象一直是制约供给管理效率低的重要因素,也是影响水资源安全的关键因素。实现水资源的一体化管理,对于提高供给管理效率,保障水资源安全,顺畅实施河湖水系连通方案具有重要的推动作用。综合考虑河湖水系的上下游、水质与水量等主要因素,按照流域、区域等范围统一制定规划,遵循区域服从流域、专业服从综合的管理原则,所有的涉水事务由统一的专门组织机构进行管理,其管理模式由不可持续性向可持续性转变,真正实现水资源的一体化管理。

8.6.5　转变水资源利用理念,拓宽水资源利用渠道

人与自然是生命共同体,强调人与自然和谐相处,走资源节约型、环境友好型发展道路,树立以人为本的理念,把人民群众能够喝上安全的放心水放在首位,统筹经济社会与水资源协调发展,严格总量控制,充分考虑水资源承载能力,以水权、水市场为理论基础有效管理水资源,保护好水资源,促进经济、环境、资源的协调发展。

实现水资源的可持续利用,在供水方式上需要转变,由单纯地利用地表水和地下水向调水、雨水收集、洪水资源化、污水资源化、海水淡化等方向进行转变,拓宽水资源的利用渠道。

8.6.6　加大节水宣传力度与对节水技术的推广应用

荆南三口河系地区北临长江,南接洞庭湖,降水丰富,认为该区域水是取之不尽、用之

不竭的，水资源在利用过程中存在“福利水”，浪费水资源的现象，要加大宣传力度，从思想上加以引导和教育，从行动上给以批评和指正，转变用水方式，实现从“要我节水”转变到“我要节水”。严格执行《中华人民共和国水法》关于推行节约用水的相关规定，根据地区差异合理推广节水技术，实行差额补贴政策安装农业节水设施，积极鼓励农民结合地理位置、作物生长习性等各种优势，种植好效益高、耗水量低的经济作物与粮食作物，配备好国家相对应的扶持政策，培育和发展好各种节约用水产业，实现节约用水，推动社会经济的稳定发展。

8.6.7　开展科技支撑研究

开展荆南三口河系建闸、控支强干、堵支并流、平原水库、河道疏浚、西水东调等工程措施对该区域水资源时空分布、供需矛盾以及其未来变化趋势的研究。通过对比分析藕池河水系连通工程方案，可以得出该河系水资源调控306方案（藕池西支＋藕池中支全河＋藕池中支的鲇鱼须河＋疏挖藕池河东支主干）对水资源供给的覆盖面更广，能有效地提高库容，增加水源供给且减少控制性工程；鲇鱼须平原水库在九斤附近建闸，设计水位36 m，与之相应的设计库容为4 000万m^3，根据研究结果，遇丰水年、平水年、枯水年可以利用此平原水库分别蓄水约为3 000万m^3、1 900万m^3、1 100万m^3。开展河湖水系连通工程的综合研究，在水资源开发利用、水生态环境、防洪减灾等方面开展科学研究和技术创新，为荆南三口地区水资源安全提供坚实有效的技术支撑。

8.7　小　结

本章基于荆南三口地区水资源安全背景下，运用系统动力学理论和方法，分析水资源供需系统与各要素之间的相互制约、相互影响，建立水资源安全调控系统动力学模型，仿真模拟现状延续型、资源节约型、经济发展型、综合协调型等四种不同情境，预测2018～2040年该地区三县水资源供需缺口及影响系数变化情况。结果表明：

（1）构建荆南三口地区水资源安全调控系统动力学模型，该模型由6个水平变量、6个速率变量、25个辅助变量、18个表函数、7个常数构成，充分反映了荆南三口地区供水、人口、社会经济与生态环境等各要素之间相互作用。

（2）华容县水资源安全指数呈先下降后上升再下降的变化趋势，2016年、2017年综合指数超过0.7；安乡县水资源安全指数总体呈线性下降趋势；南县水资源安全指数在0.67附近上下波动。为了保证荆南三口地区未来水资源安全，需要从供水条件、用水效益、供需协调力等方面综合考虑，尤其是改善供水条件方面。

识别出影响该地区水资源安全的主要限制性因素包括人均水资源量、产水模数、人均生活用水量、水资源开发利用率、水资源供需缺水系数与万元GDP用水量等。

（3）模拟现状延续型、资源节约型、经济发展型、综合协调型四种方案，对比分析其模拟结果，经济发展型水资源供需缺口最大值为2.47亿m^3，现状延续型、资源节约型经济发展水平低于综合协调型，远期华容县总人口、分别少5.29万、7.04万，工业产值分别少73.21亿元、73.65亿元，第三产业产值分别少84.51亿元、116.53亿元，牲畜量分别少

34.90万头、44.43万头，农田灌溉面积分别少39.97万亩、40.34万亩；再运用层次分析法定量评价四种方案模拟值，三口地区综合协调型综合评价评分最高，方案四为该地区水资源安全调控最优方案。

(4)在综合协调发展模式下，能综合考虑现状延续型和经济发展型，同时兼顾供水能力和供水量，水资源供给能最大限度地满足华容县经济社会稳定发展需要，消耗一定水资源，逐步提高国内生产总值，提高用水效率，实施水资源安全调控措施降低水资源对社会经济发展的制约，实现社会经济与资源、环境的协调发展。方案四能合理开发利用水资源，且效益最大化，能使安乡县、南县社会经济持续发展、水资源持续利用。

(5)为了高效利用、合理配置水资源，保障荆南三口地区经济、资源、环境协调发展，提出了基于水资源安全的综合发展模式，具体措施包括实施水系连通工程与水源工程，建立“多源互补、丰枯调剂”的供水工程管理体系，产业结构调整与升级，水资源各行业间合理配置，实现农业高效节约用水，提高国民经济用水效率，提高污水回用率、工业用水重复利用率。

第 9 章　结论与讨论

9.1　研究结论

河湖水系连通变化是气候变化与人类活动长期综合作用的结果,也是气候变化与人类活动对水文水资源影响的实际载体。在全球气候变化、人类活动以及水资源形势日趋严峻的影响下,为了从根本上增强抵御水旱灾害能力、改善河湖健康保障能力以及提高水资源统筹调配能力,河湖水系连通作为国家新时期的一个崭新的治水战略越来越受到了高度青睐。本书在长江荆南三口河系开展水系连通变异下水资源态势研究,深入分析水系连通演变机制及影响因素、水系连通变异下水资源态势及其演化规律并分析荆南三口地区水资源动态平衡变化,查明水资源供需缺失,寻求水系连通变异下用水结构与产业结构的优化调控机制,为有效服务商品粮基地和洞庭湖生态恢复和保护的水资源安全保障提供科技支撑和技术指导,是当前洞庭湖流域水资源可持续利用的急切要求和迫切需要。本书主要研究结果如下:

(1)荆南三口河系水系连通变异分割点确定为 1989 年。该河系水系连通度在 0.018 2~0.014 5 波动,总的变化趋势是先缓慢增大后缓慢减小,1989 年为水系连通度的最小值,水系连通度在 1989 年前后发生了突变;该河系水系连通功能 1956 年为Ⅰ级,1989 年为Ⅲ级,2008 年、2016 年均为Ⅱ级,四个典型评价年份中 1989 年水系连通功能变化较大,水系连通功能也在 1989 年发生了变异。

(2)该河系水系连通度呈线性下降趋势,1989 年后呈弱增长趋势,但 1989 年后水系连通度远低于 1978 年、1956 年,水系连通性变异前变化速率高于变异后,河流总长度、过水能力系数影响水系连通度,气候变化影响水系水流连续性,制约水系连通度,通过堵支强干、疏浚引水、调水、洪道整治、退田环湖等水利工程措施改善水系结构,能增强河湖水系连通度。

(3)水系连通性变异后,沙道观、弥陀寺、管家铺、康家岗在 1~2 月水资源量所占比例出现了零值,沙道观、弥陀寺、管家铺、康家岗断流天数在增加,水系连通性变异前后水资源量的年内分配不均匀系数均表现出不均衡的变化规律,月水资源量主要集中在 5~10 月,7~9 月为水资源量较大的 3 个月。

(4)水系连通变异下该河系水资源发生丰枯交替变化的概率增加,说明荆南三口水资源出现旱涝的概率会上升,水系连通变异下水资源变化过程的第一主周期、第二主周期、第三主周期的时间尺度均呈现减小的趋势,说明水系连通变异使最强周期震荡时间尺度由 28 a 减小为 15 a,这意味着水资源变化更加激烈,容易出现丰枯交替变化。

(5)除松滋河西支水系连通变异前和藕池河东支变异后外,荆南三口河系水系连通变异前、后与整个时期年水资源量呈显著减少趋势,显著性水平大多都在 99% 上,但水系连通变异前年水资源量减少趋势大致上迅速,变异后减少趋势基本上比较平缓,变异后随时随地水系连通变异前,降水量变化是贡献该区域水资源变化的主要因素,变异后人类活动对水资源量变化的贡献率占主导。

(6)该河系连通性变异前后水文干旱特征均发生显著变化,水文干旱事件发生的次数增多,水文干旱历时增长,水文干旱强度增大,水文干旱峰值增高;各站点的相同单变量重现期下二维联合重现期在水系连通变异前基本上均比水系连通变异后长,二维同现重现期在水系连通变异前均比水系连通变异后短;水系连通变异后,该河系水文干旱历时、水文干旱强度和水文干旱峰值呈现增加趋势,且在相同单变量重现期的情况下,水文干旱历时时长更长,水文干旱强度更大,水文干旱峰值更高;水系连通变异后水文干旱特征的变化幅度与变异前存在差异,不同河系其水文干旱特征的变化幅度不同。

(7)水系连通变异下荆南三口特征水位变化趋势显著,年平均水位降低,年最高水位、年最低水位年际相差增大,年径流量较小,变化幅度大且年内分配不均匀,不同典型年减少程度不同,枯水年年内水资源调配激烈(3 次增加),月水资源量偏少,平水年次之(2 次增加),月水资源量较变异前降幅大,丰水年一般(1 次增加),月水资源量年内变化幅度大,年径流量地区分配不均衡。干旱事件的频次概率增大,时间增长,缺水量增多,水资源短缺问题严峻,变化幅度大易造成旱涝灾害,对水资源开发利用产生消极影响。

(8)荆南三口地区水资源安全,需要从供水条件、用水效益、供需协调力等方面综合考虑,尤其是改善供水条件方面,主要限制性因素有人均水资源量、产水模数、人均生活用水量、水资源开发利用率、水资源供需缺水影响系数与万元 GDP 用水量等。

(9)利用系统动力学模型模拟常规发展、低增长、高增长和综合发展四种情景,综合发展模式既能兼顾供水能力又能保证经济持续稳定发展,若遇枯水年份,西水东调工程可以实施,同时可以提高水资源可利用比例,在供水、经济发展、水资源供需平衡、缺水影响系数等方面都体现出很强的优势,实现社会经济与资源、环境的协调发展。

(10)为了高效利用、合理配置水资源,保障荆南三口地区经济、资源、环境协调发展,需要进一步完善河湖水系连通工程的投资机制,完善相关政策法规,优化产业结构升级,提高用水效率,实现水资源一体化管理机制,转变水资源利用理念,拓宽水资源利用渠道,加大节水宣传力度与对节水技术的推广应用,开展科技支撑研究。

9.2　讨　论

(1)水系连通性是指水系之间相互连通的状况,主要包含要有能满足一定需求情况下,保持持续流动的水体和要有能承载周而复始水流运动的过水通道 2 个基本组成要素,故水系连通性评价需要综合考虑水系结构连通性和水力连通性,同时也充分斟酌河道的自然属性和社会属性,从河段长度、河段重要程度、过水能力、河段平均宽度来评价水系连通度,为了保证水系连通变异分割点的准确性,从水系连通功能的角度出发,采用模糊综合评判法对荆南三口河系水系连通功能进行评价,最终确定 1989 年为荆南三口河系水系连通变异分割点。

(2)水系连通变异下水资源年内、周期、趋势在一定程度上发生了变化,水系连通变异后荆南三口河系断流天数在增加,水资源发生丰枯交替变化的概率增加,水资源变化过程的第一主周期、第二主周期、第三主周期的时间尺度均呈现减小的趋势,水资源量减少趋势较变异前平缓,水系连通具有净化水环境自然功能,研究水系连通变异下水环境的情势变化是未来河流水文学发展和研究的重要突破方向,可以加强对此方面的研究。

(3)荆南三口地区属于大陆性亚热带季风湿润气候,多年平均气温16.8 ℃,多年平均降水量1 241.2 ~1 265.6 mm,水资源较丰富,在气候变化和人类活动双重影响下,近60年来,荆南三口河系平均断流天数呈逐期增加趋势,且变化趋势显著,丰水地区开展水文干旱研究,将有利于为该地区供水的不确定性、河道生态需水研究和优化三峡水库调度方案提供理论参考,同时水系连通变异前后水文干旱历时、水文干旱强度、水文干旱峰值以及缺水响应的研究,为兴建河湖水系连通工程等水资源调控措施提供理论依据。

(4)伴有河湖水系连通工程项目的方案供水能力要比单纯控制经济社会发展、调整产业结构、提高用水效率强,供水量大,且水资源可利用比例空间大,综合发展模式比常规发展模式具有较强的水资源调配能力,正是综合发展模式通过控支强干、堵支并流、疏浚引水、水库、调水等水利工程措施增强水系连通性,增加供水能力,从而保证水资源的可持续利用。

(5)水系连通变异前后水文干旱特征的变化主要体现在水力连通程度的差异, 因此我们认为,在不影响现有三口水系及江湖关系格局的前提下,一是结合疏浚河道、全面封堵交叉串河、“堵”支并流、“塞”支强干等工程措施优化水系结构;二是水闸改建、开闸引水、开挖新河调水等工程措施, 提高各河流的蓄水能力;三是结合疏挖枯水深槽, 因势利导兴修藕池河中西支平原水库、虎渡河下游平原水库, 与此同时,优化三峡水库调度方案,加大水库汛末蓄水期的下泄水量,从整体上增加三口河道的径流量, 缩短河流断时间。通过这些措施沟通河流、湖泊、湿地等水体及其交换关系,形成引排顺畅、蓄泄协调、丰枯调剂、多源互补、可调可控的河湖水系格局, 最大限度地增强水力连通程度,进而减少水文干旱事件的发生频次、历时和强度。

参 考 文 献

[1] 陈雷. 立足科学发展着力改善民生做好水利发展“十二五”规划编制工作——在全国水利发展“十二五”规划编制工作视频会议上的讲话[J]. 中国水利,2009(21):1-5.

[2] 陈雷. 关于几个重大水利问题的思考——在全国水利规划计划工作会议上的讲话[J]. 中国水利,2010(4):1-7.

[3] 中共中央国务院. 中共中央国务院关于加快水利改革发展的决定[Z]. 北京:中共中央国务院,2011.

[4] 陈雷. 全面贯彻落实中央水利工作会议精神开创中国特色水利现代化事业新局面[N]. 中国水利报,2011-07-14(001).

[5] 王中根,李宗礼,刘昌明,等. 河湖水系连通的理论探讨[J]. 自然资源学报,2011(3):524-529.

[6] 左其亭,崔国韬. 河湖水系连通理论体系框架研究[J]. 水电能源科学,2012,30(1):1-5.

[7] 夏军,高扬,左其亭,等. 河湖水系连通特征及其利弊[J]. 地理科学进展,2012,31(3):26-31.

[8] 唐传利. 关于开展河湖连通研究有关问题的探讨[J]. 中国水利,2011(6):86-89.

[9] 李原园,郦建强,李宗礼,等. 河湖水系连通研究的若干问题与挑战[J]. 资源科学,2011,33(3):386-391.

[10] 李宗礼,李原园,王中根,等. 河湖水系连通研究:概念框架[J]. 自然资源学报,2011,26(3):514-522.

[11] 张欧阳,熊文,丁洪亮. 长江流域水系连通特征及其影响因素分析[J]. 人民长江,2010(1):1-5.

[12] 夏继红,陈永明,周子晔,等. 河流水系连通性机制及计算方法综述[J]. 水科学进展,2017, 28(5):780-787.

[13] 赵进勇,董哲仁,翟正丽,等. 基于图论的河道-滩区系统连通性评价方法[J]. 水利学报,2011,42(5): 537-543.

[14] 孟祥永,陈星,陈栋一,等. 城市水系连通性评价体系研究[J]. 河海大学学报:自然科学版,2014,42(1): 24-28.

[15] 茹彪,陈星,张其成,等. 平原河网区水系结构连通性评价[J]. 水电能源科学,2013,31(5):9-12.

[16] 左其亭,臧超,马军霞. 河湖水系连通与经济社会发展协调度计算方法及应用[J]. 南水北调与水利科技, 2014,12(3):116-120,194.

[17] 冯顺新,李海英,李翀,等. 河湖水系连通影响评价指标体系研究Ⅰ——指标体系及评价方法[J]. 中国水利水电科学研究院学报,2014,12(4):386-393.

[18] 孟慧芳,许有鹏,徐光来,等. 平原河网区河流连通性评价研究[J]. 长江流域资源与环境,2014,23(5): 626-631.

[19] 徐光来,许有鹏,王柳艳. 基于水流阻力与图论的河网连通性评价[J]. 水科学进展,2012,23(6):776-781.

[20] 韩龙飞,许有鹏,邵玉龙,等. 城市化对水系结构及其连通性的影响——以秦淮河中、下游为例[J]. 湖泊科学,2013,25(3):335-341.

[21] 邵玉龙,许有鹏,马爽爽. 太湖流域城市化发展下水系结构与河网连通变化分析——以苏州市中心区为例[J]. 长江流域资源与环境,2012,21(10):1167-1172.

[22] 黄锡荃. 水文学[M]. 北京:高等教育出版社,1993.

[23] 胡珊珊,郑红星,刘昌明,等. 气候变化和人类活动对白洋淀上游水源区径流的影响[J]. 地理学报,

2012, 67(1):62-70.

[24] 董磊华,熊立华,于坤霞,等.气候变化与人类活动对水文影响的研究进展[J].水科学进展,2012,23(2): 278- 285.

[25] 张彧瑞,马金珠,齐识.人类活动和气候变化对石羊河流域水资源的影响——基于主客观综合赋权分析法[J].资源科学,2012,34(10):1922-1928.

[26] 林凯荣,何艳虎,陈晓宏.气候变化及人类活动对东江流域径流影响的贡献分解研究[J].水利学报,2012, 43(11):1312-1321.

[27] 张利平,于松延,段尧彬,等.气候变化和人类活动对永定河流域径流变化影响定量研究[J].气候变化研究进展,2013,9(6):391-397.

[28] 张调风,朱西德,王永剑,等.气候变化和人类活动对湟水河流域径流量影响的定量评估[J].资源科学,2014, 36(11):2256-2262.

[29] 邱玲花,彭定志,林荷娟,等.气候变化与人类活动对太湖西苕溪流域水文水资源影响甄别[J].水文,2015, 35(1):45-50.

[30] 马龙,刘廷玺,马丽,等.气候变化和人类活动对辽河中上游径流变化的贡献[J].冰川冻土,2015,37(2):470- 479.

[31] 叶许春,张奇,刘健,等.气候变化和人类活动对鄱阳湖流域径流变化的影响研究[J].冰川冻土,2009,31(5): 835-842.

[32] 王随继,李玲,颜明.气候和人类活动对黄河中游区间产流量变化的贡献率[J].地理研究,2013,32(3): 395- 402.

[33] 夏军,左其亭.国际水文科学研究的新进展[J].地球科学进展,2006,21(3):256-261.

[34] Krausea S, Jacobsb J, Bronstert A. Modelling the impacts of land-use and drainage density on the water balance of a lowland-foodplain landscape in northeast Germany[J]. Ecological Modelling, 2007, 200(3-4): 475-492.

[35] Amaud P, Fine J A, Lavabre J. An hourly rainfain generation model applicable to all types of climate[J]. Atmospheric Research, 2007, 85(2):230-242.

[36] Thoms M C , Southwell M, McGinness H M. Floodplain-river ecosystems: Fragmentation and water resources development[J]. Geomorphology, 2005, 71(1-2):126-138.

[37] 段凯,肖伟华,梅亚东,等.大型水利工程对洞庭湖区水资源开发利用的影响[J].长江流域资源与环境,2012, 21(11): 1389-1394.

[38] 李景保,王克林,杨燕,等.洞庭湖区 2000 年 ~2007 年农业干旱灾害特点及成因分析[J].水资源与水工程学报,2008,19(6):1-5.

[39] 李景保,钟一苇,周永强,等.三峡水库运行对洞庭湖北部地区水资源开发利用的影响[J].自然资源学报, 2013,28(9):1583-1593.

[40] 李景保,常疆,吕殿青,等.三峡水库调度运行初期荆江与洞庭湖区的水文效应[J].地理学报,2009,64(11): 1342-1352.

[41] 钟一苇.荆南三口地区径流演变特征及水资源承载力研究[D].长沙:湖南师范大学,2015.

[42] 王崇浩,韩其为.三峡水库建成后荆南三口洪道及洞庭湖淤积概算[J].水利水电技术,1997,28(11):16-20.

[43] 窦身堂,余明辉,段文忠,等.长江荆南三口五河水沙变化及治理规划[J].武汉大学学报:工学版,2007,40(4):40-44.

[44] 李义天,郭小虎,唐金武,等.三峡水库蓄水后荆江三口分流比估算[J].天津大学学报,2008,41(9): 1027- 1034.

[45] 许全喜,胡功宇,袁晶.近50年来荆江三口分流分沙变化研究[J].泥沙研究,2009(5):1-8.

[46] 章烈屏,吴华居.荆南四口河道分流流量衰减趋势分析[J].人民长江,2009,40(16):11-12,29,98.

[47] 张细兵,卢金友,王敏,等.三峡工程运用后洞庭湖水沙情势变化及其影响初步分析[J].长江流域资源与环境,2010,19(6):640-643.

[48] 李景保,张照庆,欧朝敏,等.三峡水库不同调度方式运行期洞庭湖区的水情响应[J].地理学报,2011,66 (9):1251-1260.

[49] 渠庚,刘心愿,郭小虎,等.三峡工程运用前后藕池口分流分沙变化规律分析[J].水利学报,2013,44(9): 1099-1106.

[50] 郭小虎,李义天,刘亚.近期荆江三口分流分沙比变化特性分析[J].泥沙研究,2014(1):53-60.

[51] 胡光伟,毛德华,李正最,等.三峡工程运行对洞庭湖与荆江三口关系的影响分析[J].海洋与湖沼,2014,45(3):453-461.

[52] 朱玲玲,陈剑池,袁晶,等.基于时段控制因子的荆江三口分流变化趋势研究[J].水力发电学报,2015,34(2):103-111.

[53] 张丽,钱湛,张双虎.变化水沙条件下三口入洞庭湖水量变化趋势研究[J].中国农村水利水电,2015(5): 102 -104,108.

[54] Mora C,Frazier A G,Longman R J,et al. The projected timing of climate departure from recent variability [J]. Nature,2013,502:183-187.

[55] Mer Riamg G. Connectivity: a fundamental ecological characteristic of landscape pattern [C]//BRANDT J,AGGER P. Proceedings First International Seminar on Methodology in Landscape Ecological Research and Planning. Theme I: International Association for Landscape Ecology. Roskilde: Roskilde University, 1984: 5-15.

[56] Vanlooy K,Piffady J,Cavillon C,et al. Integrated modelling of functional and structural connectivity of river corridors for European otter recovery [J]. Ecological Modelling,2014,273:228-235.

[57] Mckay S K,Schramski J R,Conyngham N,et al. Assessing upstream fish passage connectivity with network analysis [J]. Ecological Applications,2013,23(6): 1396-1409.

[58] Stoffels Toffls R J,Rehwinkel R A,Price A E,et al. Dynamics of fish dispersal during river-floodplain connectivity and its implications for community assembly [J]. Aquatic Sciences,2016,78: 355-365.

[59] Pringle C M. What is hydrologic connectivity and why is it ecologically important[J]. Hydrological Processes,2003,17:2685-2689.

[60] Freeman M C,Pringle C M,Jackson C R. Hydrologic connectivity and the contribution of stream headwaters to ecological integrity at regional scaley [J]. Journal of the American Water Resources Association, 2007,43(1): 5-14.

[61] Amoros,Roux A L. Interaction between water bodies within the floodplain of large rivers: function and development of connectivity [J]. Munstersche Geographische Arbeiten,1988,29:125-130.

[62] 陈星,许伟,李昆朋,等.基于图论的平原河网区水系连通性评价——以常熟市燕泾圩为例[J].水资源保护,2016,32(2):26-29,34.

[63] May R. "Connectivity" in urban rivers: conflict and convergence between ecology and design[J]. Technology in Society,2006,28: 477-488.

[64] Mckay S K,Schramski J R,Conyngham J N,et al. Assessing upstream fish passage connectivity with network analysis[J]. Ecological Applications,2013,23(6):1396-1409.

[65] Ward J V. The four-dimensional nature of lotic ecosystems [J]. Journal of the North American Benthological Society,1989,8:2-8.

[66] 丰华丽,王超,李剑超. 河流生态与环境用水研究进展[J]. 河海大学学报:自然科学版,2002,30(3):19-23.

[67] 岳天祥,叶庆华. 景观连通性模型及其应用沿海地区景观[J]. 地理学报,2002(1):67-75.

[68] 韩筱婕. 基于城市热岛减缓的湖泊湿地景观功能连通性研究[D]. 武汉:华中农业大学,2010.

[69] 曹翊坤. 深圳市绿色景观连通性时空动态研究[D]. 北京:中国地质大学,2012.

[70] 赵筱青,和春兰. 外来树种桉树引种的景观生态安全格局[J]. 生态学报,2013,33(6):1860-1871.

[71] Shaw E A, Lange E, Shucksmith J D, et al. Importance of partial barriers and temporal variation in flow when modelling connectivity in fragmented river systems[J]. Ecological Engineering,2016,91: 515-528.

[72] 孙鹏,王琳,王晋,等. 闸坝对河流栖息地连通性的影响研究[J]. 中国农村水利水电,2016(2):53-56.

[73] 李景保,何蒙,吕殿青,等. 水利工程对长江荆南三口水系连通功能变化的影响[J]. 热带地理,2019, 39(1):135-143.

[74] 代稳,吕殿青,李景保,等. 水系连通变异下荆南三口河系水文干旱识别与特征分析[J]. 地理学报,2019, 74(3):557-571.

[75] 粟晓玲,康绍忠,魏晓妹,等. 气候变化和人类活动对渭河流域入黄径流的影响[J]. 西北农林科技大学学报:自然科学版,2007,35(2):153-159.

[76] 王纲胜,夏军,万东晖,等. 气候变化及人类活动影响下的潮白河月水量平衡模拟[J]. 自然资源学报,2006, 21(1):86-91.

[77] Koster R D, Suarez M J. A simple framework for examing the inter-annual variability of land surface moisture fluxes[J]. Journal of Climate,1999,12:1911-1917.

[78] Milly P C D, Dunne K A. Macro-scale water fluxes 2: Water and energy supply control of their inter-annual variability[J]. Water Resources Research,2002,38(10):24-1-24-7.

[79] 罗先香,何岩,邓伟,等. 三江平原典型沼泽性河流径流演变特征及趋势分析——以挠力河为例[J]. 资源科学,2002,24(5):52-57.

[80] 陈军锋,张明. 梭磨河流域气候波动和土地覆被变化对径流影响的模拟研究[J]. 地理研究,2003, 22(1):73-78.

[81] 杨新,延军平,刘宝元. 无定河年径流量变化特征及人为驱动力分析[J]. 地球科学进展,2005,20(6): 637-642.

[82] 王西琴,张远,张艳会. 渭河上游天然径流变化及其自然与人为因素影响贡献量[J]. 自然资源学报,2006,21(6):981-990.

[83] 李子君,李秀彬. 潮白河上游 1961—2005 年径流变化趋势及原因分析[J]. 北京林业大学学报,2008, 30(11S2):82-87.

[84] Seguis L, Cappelaere B, Millesi G. Simulated impacts of climate change and land-clearing on runoff of the Rock Creek in the Portland metropolitian area, OR, USA[J]. Hydrological Processes,2009,23:805-953.

[85] 江善虎,任立良,雍斌,等. 气候变化和人类活动对老哈河流域径流的影响[J]. 水资源保护,2010, 26(6): 1-4,15.

[86] 刘春蓁,占车生,夏军,等. 关于气候变化与人类活动对径流影响研究的评述[J]. 水利学报,2014, 45(4):379- 385,393.

[87] 李志,刘文兆,郑粉莉,等. 黄土塬区气候变化和人类活动对径流的影响[J]. 生态学报,2010,30(9): 2379-2386.

[88] 王随继,闫云霞,颜明,等. 皇甫川流域降水和人类活动对径流量变化的贡献率分析——累积量斜率变化率比较方法的提出及应用[J]. 地理学报,2012,67(3):388-397.

[89] 袁喆,杨志勇,董国强. 近47年来降水变化和人类活动对滦河流域年径流量的影响[J]. 南水北调与水利科技,2012,10(4):66-69,80.
[90] 何旭强,张勃,孙力炜,等. 气候变化和人类活动对黑河上中游径流量变化的贡献率[J]. 生态学杂志, 2012,31(11):2884-2890.
[91] 毕彩霞,穆兴民,赵广举,等. 渭河流域气候变化与人类活动对径流的影响[J]. 中国水土保持科学, 2013, 11(2):33-38.
[92] 刘二佳,张晓萍,张建军,等. 1956—2005 年窟野河径流变化及人类活动对径流的影响分析[J]. 自然资源学报,2013,28(7):1159-1168.
[93] 牛利强. 基于 SWAT 的气候与土地利用变化对径流量的影响研究[D]. 武汉:华中师范大学,2013.
[94] 王振海,李传哲,于福亮,等. 气候变化和人类活动对径流影响的贡献分解[J]. 济南大学学报:自然科学版,2014,28(4):295-299.
[95] 郭爱军,畅建霞,黄强,等. 渭河流域气候变化与人类活动对径流影响的定量分析[J]. 西北农林科技大学学报:自然科学版,2014,42(8):212-220.
[96] 陈伏龙,王怡璇,吴泽斌,等. 气候变化和人类活动对干旱区内陆河径流量的影响——以新疆玛纳斯河流域肯斯瓦特水文站为例[J]. 干旱区研究,2015,32(4):692-697.
[97] 刘剑宇,张强,邓晓宇,等. 气候变化和人类活动对鄱阳湖流域径流过程影响的定量分析[J]. 湖泊科学,2016,28(2):432-443.
[98] 帅红,李景保,何霞,等. 环境变化下长江荆南三口径流变化特征检测与归因分析[J]. 水土保持学报, 2016,30(1):83-88.
[99] 张杰,张正栋,万露文,等. 气候变化和人类活动对汀江径流量变化的贡献[J]. 华南师范大学学报:自然科学版,2017,49(6):84-91.
[100] 李万志,刘玮,张调风,等. 气候和人类活动对黄河源区径流量变化的贡献率研究[J]. 冰川冻土, 2018,40(5):985-992.
[101] 李慧,周维博,马聪,等. 城市化对西安市降水及河流水文过程的影响[J]. 干旱区地理,2017,40(2):322-331.
[102] 王蕊,姚治君,刘兆飞. 西北干旱区气候和土地利用变化对水沙运移的影响——以小南川流域为例[J]. 应用生态学报,2018,29(9):2879-2889.
[103] 戴明龙. 长江上游巨型水库群运行对流域水文情势影响研究[D]. 武汉:华中科技大学,2017.
[104] Naik P K, Jay D A. Distinguishing human and climate influences on the Columbia River: Changes in mean flow and sediment transport[J]. Journal of Hydrology,2011,404:259- 277.
[105] Sullivan C. Calculation a water poverty index[J]. World Development,2002,30(7):1195-1210.
[106] 贡力. 基于 WPI 的水安全评价体系研究[J]. 中国农村水利水电,2010(9):4-7.
[107] 张翔,夏军,贾绍凤. 干旱期水安全及其风险评价研究[J]. 水利学报,2005(9):1138-1142.
[108] 张雄. 基于 WPI 的城市水安全评价体系研究——以 2013 年青海省为例[J]. 南方农机,2016,47(2):93-94.
[109] 赵克勤. 集对分析及其初步应用[M]. 杭州:浙江科学技术出版社,2000.
[110] 焦士兴,王腊春,尹义星,等. 基于集对分析原理和熵权理论的水资源安全评价——以河南省安阳市为例[J]. 安全与环境学报,2011,11(6):92-97.
[111] 代稳,王金凤,马士彬,等. 基于集对分析法的水资源安全综合评价研究[J]. 水科学与工程技术, 2014(4): 38-41.
[112] 王群,陆林,杨兴柱. 山岳型旅游地水资源系统安全评价——以黄山风景区为例[J]. 地理研究, 2014, 33(6):1059-1072.

[113] 赵蕾. 基于模糊数学方法的义乌市水资源安全研究[D]. 金华:浙江师范大学,2014.
[114] 田成方. 马莲河流域水安全研究[D]. 金华:浙江师范大学,2010.
[115] 王瑞芳,秦大庸,张占庞. 层次分析法在山西省水资源安全评价中的应用[J]. 人民黄河,2008(9):40-42.
[116] 李仰斌,畅明琦. 水资源安全评价与预警研究[J]. 中国农村水利水电,2009(1):1-4.
[117] 武荣,李援农. 基于层次分析法的水资源安全模糊综合评价模型及其应用[J]. 水资源与水工程学报,2013, 24(4):139-144,150.
[118] 万坤扬,胡其昌. 基于层次分析法的杭州市水资源安全现状评价及趋势[J]. 水电能源科学,2013,31(1): 21-25,222.
[119] 汪红洲,段衍衍,傅春. 基于层次分析的安徽省水安全综合评价[J]. 南水北调与水利科技,2014,12(1):37-41.
[120] 郑芳. 水资源安全理论和保障机制研究[D]. 泰安:山东农业大学,2007.
[121] 靳春玲,贡力. 基于 PSR 模型的城市水安全评价研究[J]. 安全与环境学报,2009,9(5):104-108.
[122] 陈慧. 基于 PSR 模型的非洲水资源安全评价[D]. 金华:浙江师范大学,2011.
[123] 汪雁佳,李景保. 三峡水库运行后荆南三口地区水资源安全状态及归因分析[J]. 自然资源学报,2018, 33(11):1992-2005.
[124] 刘丽颖,官冬杰,杨清伟,等. 基于人工神经网络的喀斯特地区水资源安全评价[J]. 水土保持通报,2017, 37(2):207-214.
[125] 张斌,黄显峰,方国华,等. 基于水足迹理论的连云港市水资源安全评价[J]. 中国农村水利水电,2012(6):61-64.
[126] 代稳,张美竹,秦趣,等. 基于生态足迹模型的水资源生态安全评价研究[J]. 环境科学与技术,2013, 36(12): 228-233.
[127] 代稳,张美竹,秦趣,等. 六盘水市水资源安全的水足迹分析[J]. 水生态学杂志,2013,34(5):38-42.
[128] 韩玉,杨晓琳,陈源泉,等. 基于水足迹的河北省水资源安全评价[J]. 中国生态农业学报,2013,21(8):1031-1038.
[129] 宋永永,米文宝,杨丽娜. 基于水足迹理论的宁夏水资源安全评价[J]. 中国农村水利水电,2015(5):58-62.
[130] 吴开亚,金菊良. 基于变权重和信息熵的区域水资源安全投影寻踪评价模型[J]. 长江流域资源与环境, 2011,20(9):1085-1091.
[131] 代稳. 基于 SD 模型的水资源安全模拟研究——以贵州省为例[J]. 水科学与工程技术,2010(6):4-9.
[132] 位帅,陈志和,梁剑喜,等. 基于 SD 模型的中山市水资源系统特征及其演变规律分析[J]. 资源科学,2014,36(6):1158-1167.
[133] 代稳,王金凤,秦趣,等. 六盘水市水资源安全系统动力学模拟研究[J]. 湖北农业科学,2014,53(15):3692- 3696.
[134] 杜梦娇,田贵良,吴茜,等. 基于系统动力学的江苏水资源系统安全仿真与控制[J]. 水资源保护,2016,32(4):67-73.
[135] 聂靖璇,王晗,刘屹,等. 北京市水资源安全水平动态模型的构建与评估[J]. 工程地质学报,2017,25(2):565-573.
[136] 刘丽颖,黄孝勇,杨荣汀,等. 重庆水资源安全情景模拟及预测研究[J]. 重庆工商大学学报:自然科学版,2018,35(5):106-113.

[137] 王金凤,代稳,王立威. 基于投影寻踪法的六盘水市水资源安全评价[J]. 节水灌溉,2016(6):64-68.

[138] 余灏哲,韩美. 基于模糊物元模型的山东省水资源安全 TOPSIS 评价[J]. 安全与环境工程,2015,22(6):1-6.

[139] Cook C,Bakker K. Water security: Debating an emerging paradigm[J]. Global Environmental Change,2012, 22(1): 94-102.

[140] Shao D G,Yang F S,Xiao C,et al. Evaluation of water security: an integrated approach applied in Wuhan urban agglomeration,China[J]. Water Science & Technology,2012,66(1):79-87.

[141] 邵骏,欧应钧,陈金凤,等. 基于水贫乏指数的长江流域水资源安全评价[J]. 长江流域资源与环境,2016,25(6):889-894.

[142] 杨振华,苏维词,李威. 基于 PESBR 模型的岩溶地区城市水资源安全评价——以贵阳市为例[J]. 贵州师范大学学报:自然科学版,2016,34(5):1-9.

[143] 钟姗姗,刘鹂. 2007—2015 年湖南省水资源安全状态与短板要素甄别[J]. 南水北调与水利科技,2018, 16(5):50-56.

[144] Pringle C. What is hydrologic connectivity and why is it ecologically important? [J]. Hydrological Processes, 2003,17(13):2685-2689.

[145] Tetzlaff D,Soulsby C,Bacon P J,et al. Connectivity between landscapes and riverscapes-a unifying theme in integrating hydrology and ecology in catchment science? [J]. Hydrological Processes,2007,21(10):1385-1389.

[146] Bracken L J,Croke J. The concept of hydrological connectivity and its contribution to understanding runoff dominated geomorphic systems[J]. Hydrological processes,2007,21(13):1749-1763.

[147] Turnbull L,Wainwright J,Brazier R E. A conceptual framework for understanding semiarid landdegradation:Ecohydrological interactions across multiple-space and time scales[J]. Ecohydrology,2008,1(1):23-34.

[148] Ali G A,Roy A G. Revisiting hydrologic sampling strategies for an accurate assessment of hydrologic connectivity in humid temperate systems[J]. Geography Compass,2009,3(1): 350-374.

[149] Michaelides K, Chappell A. Connectivity as a concept for characterising hydrological behavior [J]. Hydrological Processes,2009,23(3):517-522.

[150] Jencso K G,McGlynn B L,Gooseff M N,et al. Hillslope hydrologic connectivity controls riparian groundwater turnover:Implications of catchment structure for riparian buffering and stream water sources[J]. Water Resource Research,2010,46(10):w10524.

[151] Bolland J D,Nunn A D,Lucas M C,et al. The importance of variable lateral connectivity between artificial floodplain waterbodies and river channels[J]. River Research and Application,2012,28(8):1189-1199.

[152] 崔国韬,左其亭,窦明. 国内外河湖水系连通发展沿革与影响[J]. 南水北调与水利科技,2011, 9(4):73-76.

[153] 符传君,陈成豪,李龙兵,等. 河湖水系连通内涵及评价指标体系研究[J]. 水力发电,2016,42(7):2-7.

[154] 方佳佳,王烜,孙涛,等. 河流连通性及其对生态水文过程影响研究进展[J]. 水资源与水工程学报,2018,29(2):19-26.

[155] Phillips R,Spence C,Pomeroy J. Connectivity and runoff dynamics in heterogeneous basins[J]. Hydrological Processes,2011,25:3061-3075.

[156] Jencso K,G, McGiynn B L. Hierarchical controls on runoff generation: Topographically driven hydrologic connectivity, geology and vegetation. 2011, 47. (doi: 10.1029/2011WR010666)

[157] Poulter B, Goodall J L, Halpin P N. Applications of network analysis for adaptive management of artificial drainage systems in landscapes vulnerable to sea level rise[J]. Journal of Hydrology, 2008, 357(3-4): 207-217.

[158] Cui B, Wang C, Tao W, et al. River channel network design for drought and flood control: A case study of Xiaoqinghe River basin, Jinan City, China[J]. Journal of Environmental Management. 2009, 90: 3675-3686.

[159] Lane S, Reaney S, Heathwaite A L. Representation of landscape hydrological connectivity using a topographically driven surface flow index[J]. Water Resources Research, 2009, 45: W08423.

[160] Karim F Kinsey-Henderson A, Wallace J, et al. Modelling wetland connectivity during overbank flooding in a tropical floodplain in north Queensland, Australia. Hydrological Processes, 2011. (doi: 10.1002/hyp.8364.)

[161] 徐慧,徐向阳,崔广柏. 景观空间结构分析在城市水系规划中的应用[J]. 水科学进展,2007,18(1):108-113.

[162] 臧超,左其亭,马军霞. 地区性河湖水系连通脆弱性评价方法及应用[J]. 水电能源科学,2014,32(9): 28-30,10.

[163] 于丹丹,杨波,李景保,等. 近61年来长江荆南三口水系结构演变特征及其驱动因素分析[J]. 水资源与水工程学报,2017,28(4):13-20.

[164] 舒卫民,李秋平,王汉涛,等. 气候变化及人类活动对三峡水库入库径流特性影响分析[J]. 水力发电,2016, 42(11):29-33.

[165] Bradshaw G A, Mclntosh B A. Detecting climate-induced patterns using wavelet analysis [J]. Environmen- tal Pollution, 1994, 83(1-2):135-141.

[166] 刘俊萍,田峰巍,黄强,等. 基于小波分析的黄河河川径流变化规律研究[J]. 自然科学进展,2003(4):49-53.

[167] 史晓峰,顾海燕,马晓剑. 基于 Marr 小波在水文中的应用[J]. 东北林业大学学报,2008(6): 96- 97.

[168] 康玲,杨正祥,姜铁兵. 基于 Morlet 小波的丹江口水库入库流量周期性分析[J]. 计算机工程与科学,2009, 31(11):149-152.

[169] 庾文武,胡铁松,吕美朝. 基于 Morlet 小波的 ET0 序列多时间尺度分析[J]. 武汉大学学报:工学版,2009, 42(2):182-185.

[170] 李原园,曹建廷,沈福新,等. 1956~2010 年中国可更新水资源量的变化[J]. 中国科学:地球科学,2014, 44(9):2030-2038.

[171] 张一鸣,田雨,雷晓辉,等. 三岔河上游近50年降水径流变化特征分析[J]. 水文,2016,36(5): 79-84.

[172] 李景保,吴文嘉,徐志,等. 长江中游荆南三口河系径流演变特征及趋势预测[J]. 长江流域资源与环境,2017, 26(9):1456-1465.

[173] Burn D H, Hag Elnur M A. Detection of hydrologic trendsand variability[J]. Journal of Hydrology, 2002, 255 (1-4):107-122.

[174] Machiwal D, Jha M K. Comparative evaluation of statistical tests for time series analysis: Application to hydrological time series [J]. Hydrological Sciences Journal-Journal Des Sciences Hydrologiques, 2008, 53(2): 353-366.

[175] 姚允龙,吕宪国,王蕾. 1956 年~2005 年挠力河径流演变特征及影响因素分析[J]. 资源科学,2009,31(4):648-655.

[176] 罗蔚,张翔,邹大胜,等. 鄱阳湖流域抚河径流特征及变化趋势分析[J]. 水文,2012,32 (3):75-82.

[177] 刘和平,王秀颖,万金红,等. 降水与人类活动对大凌河流域径流演变的影响分析[J]. 水电能源科学,2016, 34(2):6-11.

[178] 王然丰,李志萍,赵贵章,等. 近 60 年鄱阳湖水情演变特征[J]. 热带地理,2017,37(4):512-521.

[179] Yevjevich V. Objective Approach to Definitions and Investigations of Continental Hydrologic Droughts [J]. Hydrology Paper 23, Colorado State U,Fort Collins,1967.

[180] Tallaksen L M,Madsen H,Clausen B. On the definition and modelling of streamflow drought duration and deficit volume[J]. Hydrological Sciences Journal,1997,42(1):15-33.

[181] 陈永勤,孙鹏,张强,等. 基于 Copula 的鄱阳湖流域水文干旱频率分析[J]. 自然灾害学报,2013,22 (1):75-84.

[182] Nelsen B. An Introduction to Copulas [M]. New York :Springer, 1998 .

[183] 王其藩. 系统动力学[M]. 上海:上海财经大学出版社,2009.

[184] 杨明杰,杨广,何新林,等. 基于系统动力学的玛纳斯河灌区水资源供需平衡分析[J]. 干旱区资源与环境, 2018,32(1):174-180.

[185] 冯丹,宋孝玉,晁智龙. 淳化县水资源承载力系统动力学仿真模型研究[J]. 中国农村水利水电,2017(4): 117-120,124.

[186] 乔长录,刘招,周凯. 南水北调对汉江中下游水资源影响的 SD 仿真[J]. 西北大学学报:自然科学版,2011, 41(3):525-529,533.

[187] 姬卿伟,孙建光. 绿洲城市水资源配置模拟和优化[J]. 人民黄河,2014,36(7):65-68,72.

[188] 张腾,张震,徐艳. 基于 SD 模型的海淀区水资源供需平衡模拟与仿真研究[J]. 中国农业资源与区划,2016, 37(2):29-36.

[189] 何蒙. 水利工程对长江荆南三口水系结构及连通功能的影响[D]. 长沙:湖南师范大学,2018.

[190] 彭玉明,段文忠,陈永华. 荆江三口变化及治理设想[J]. 泥沙研究,2007(6):59-65.

[191] 韩其为,周松鹤. 三口分流河道的特性及演变规律[J]. 长江科学院院报,1999(5):5-8.

[192] 朱玲玲,陈剑池,袁晶,等. 基于时段控制因子的荆江三口分流变化趋势研究[J]. 水力发电学报,2015, 34(2):103-111.

[193] 李景保,何霞,杨波,等. 长江中游荆南三口断流时间演变特征及其影响机制[J]. 自然资源学报,2016,31(10): 1713-1725.

[194] Heim J,Richard R. A review of twentieth-century drought Indices used in the united states[J]. Bulletin of the American Meteorological Society,2002,83(8):1149-1165.

[195] Van Loon A F,Laaha G. Hydrological drought severity explained by climate and catchment characteristics [J]. Journal of Hydrology,2015,526(7):3-14.

[196] Jiefeng Wu,Xingwei Chen,Huaxia Yao,et al. Non-linear relationship of hydrological drought responding to meteorological drought and impact of a large reservoir[J]. Journal of Hydrology, 2017,551(8):495-507.

[197] 钱莉莉,贺中华,梁虹,等. 基于降水 Z 指数的贵州省农业干旱时空演化特征[J]. 贵州师范大学学报:自然科学版,2019,37(1):10-14,19.

[198] 董前进,谢平. 水文干旱研究进展[J]. 水文,2014,34(4):1-7.

[199] 李运刚,何娇楠,李雪. 基于 SPEI 和 SDI 指数的云南红河流域气象水文干旱演变分析[J]. 地理科学进展, 2016,35(6): 758-767.

[200] 张雨,宋松柏.基于 Archimedean Copula 的三维干旱特征变量联合分布研究[J].中国农村水利水电,2011(1):65-68.

[201] 龙勇.浅析南县旱灾成因及抗旱对策[J].湖南水利水电,2018(2):48-49.

[202] 夏敏,周震,赵海霞.基于多指标综合的巢湖环湖区水系连通性评价[J].地理与地理信息科学,2017, 33(1):73-77.

[203] 代稳,谌洪星,仝双梅.水资源安全评价指标体系研究[J].节水灌溉,2012(3):40-43,47.

[204] 刘爽.基于水资源安全的节水高效种植制度评价研究[D].北京:中国农业科学院,2007.

[205] Pedro-Monzonís M,Solera A,Ferrer J,et al. A review of water scarcity and drought indexes in water resources planningand management[J]. Journal of Hydrology,2015,527:482-493.

[206] European Environment Agency. The European environment-state and outlook 2005[R]. Copen hagen: European Environmental Agency,2005.

[207] 陆建忠,崔肖林,陈晓玲.基于综合指数法的鄱阳湖流域水资源安全评价研究[J].长江流域资源与环境, 2015,24(2):212-218.

[208] 鲍超,邹建军.基于人水关系的京津冀城市群水资源安全格局评价[J].生态学报,2018,38 (12): 4180-4191.

[209] 杨霄,陈刚,桑学锋,等.基于河湖水系连通的高原湖泊水资源优化模拟[J].中国农村水利水电,2016(9):205-211.

[210] 冶运涛,梁犁丽,曹引,等.基于可变集和云模型的河湖水系连通方案优选决策方法[J].农业机械学报, 2018,49(12):211-225,313.

[211] 李丽,冉中阳,徐文,等.南渡江河湖水系连通系统仿真与定量评价研究[J].人民黄河,2018, 40 (10):44-50.

[212] 杨卫,张利平,李宗礼,等.基于水环境改善的城市湖泊群河湖连通方案研究[J].地理学报,2018, 73(1):115-128.

[213] 颜明,贺莉,孙莉英,等.京津冀产业升级过程中水资源利用结构调整研究[J].干旱区资源与环境,2018,32(12):152-156.

[214] 左其亭,李可任.河湖水系连通下郑州市人水关系变化分析[J].自然资源学报,2014,29(7): 1216-1224.

[215] 代稳.水系连通变异下长江荆南三口水资源态势及调控方案[D].长沙:湖南师范大学,2019.